绿艺生香

美丽又美味的园艺生活

［美］丹耶·安德森（Tanya Anderson） 著

刘 明 王 博 寇艺培 赵月娟 译

机械工业出版社

CHINA MACHINE PRESS

北京市版权局著作权合同登记　图字：01-2021-4225 号。

图书在版编目（CIP）数据

绿艺生香：美丽又美味的园艺生活 /（美）丹耶·安德森（Tanya Anderson）著；刘明等译. — 北京：机械工业出版社，2023.7
（植物生活家）
书名原文：A Woman's Garden Grow Beautiful Plants and Make Useful Things
ISBN 978-7-111-73302-7

Ⅰ.①绿…　Ⅱ.①丹…　②刘…　Ⅲ.①园艺　Ⅳ.①S6

中国国家版本馆CIP数据核字（2023）第101313号

机械工业出版社（北京市百万庄大街22号　邮政编码100037）
策划编辑：于翠翠　　　　　　责任编辑：于翠翠
责任校对：王荣庆　王　延　　责任印制：张　博
北京利丰雅高长城印刷有限公司印刷
2023年7月第1版第1次印刷
148mm×210mm·5.375印张·110千字
标准书号：ISBN 978-7-111-73302-7
定价：58.00元

电话服务　　　　　　　　　网络服务
客服电话：010-88361066　　机　工　官　网：www.cmpbook.com
　　　　　010-88379833　　机　工　官　博：weibo.com/cmp1952
　　　　　010-68326294　　金　书　网：www.golden-book.com
封底无防伪标均为盗版　机工教育服务网：www.cmpedu.com

献给那些传递草本植物的人，
献给那些传承知识的人。

本书中的植物应用案例仅供参考。
为了你的健康，请科学使用植物。

前　言

植物——点缀家居、促进健康和提高创造力

在这个充满不确定性的世界，你可能会问：什么是女性花园？它以多种形式呈现，但随着我们的生活越来越封闭，环境愈加受到影响，我们中的许多人种植植物不仅是为了装饰或实用，而且是为了健康。"女性花园"是一种充满创造力的生动表达，花园里有可以改善我们生活的植物。这是一个鲜花能在杂草旁盛开的地方，在这里我们可以利用植物创建有意义的联系。这是一个能够培育、成长和创造的地方。

如果说所有女性都有一个共同点，那就是力量。它可以大声而有力，也可以安静而有韧性。对有花园的女性来说，这种力量可以反映在我们的种植空间中，也可以从种植空间中汲取。我们明白，没有哪一年或哪一个季节是相同的，每一次收获都是一份礼物，而不是一个假设事实。

我认为，这就是很多人选择遵从有机园艺原则的原因。当观察并了解了更多自然系统知识时，我们需要承认，蛞蝓会对收成有影响，有时天气也是不利因素。我们的花园存在于一个更广阔的世界中，我们能做的就是努力理解各种挑战，并尝试用自己的解决办法来避免损害。由于世界瞬息万变，联系和智慧之间的平衡变得越来越重要。

花园的平均面积正在缩小。当高楼大厦越来越多时，花园的面积被牺牲了。但这种情况我们只能适应。因此，当我们的种植空间变小时，所种植物的多样性实际上在增加。我们对那些有多种用途的植物越来越感兴趣，有益的植物于是脱颖而出。

然而，不容乐观的是，事实上过去植物的多样性更强。我们已经失去了不少野花草地、草原、丛林和传统作物。对任何人来说，为世界找到一个明确的解决方案都是艰巨到令人难以置信的挑战。而园艺人能做的是在自己的花园中做出改变。无论是在屋顶还是在郊区后院，我们每个人都能选择符合自己生活准则的植物品种。这就是女性花园的一部分：培育的精神和想象力通过植物汇聚在一起。

在本书中，你将了解许多植物，并走近7位令人鼓舞的园艺爱好者。她们国籍不

6 月，花园里的香草和可食用作物生机勃勃。

同，背景不同；她们是手工艺人、家庭主妇、女商人和科学家。她们都是拥有真正花园的真实女性，她们的共同点是热衷于学习如何利用植物促进健康和装饰房屋。通过本书可窥见她们的私人空间，你会了解她们的花园及其种植和加工的植物。

我们有兴趣去了解别人的做法，但因为花了太多时间独自劳作，可能忽略了女性花园的另一个方面，就是园艺可以赋予我们与其他女性的联系，包括与朋友和家人的联系。技能和信息的传递可能会在潮流中消失，但会继续在小范围流传。

关于最初鼓励她们种植花木的人，我询问了本书中的每个人。答案几乎是相同的，不是名人——而是母亲和祖母（外祖母），有时是其他家庭成员。

初时，我们几乎没有人喜欢园艺，而且，相比于不得不除草、割草，我们更愿意和朋友们闲逛。然而，采摘香草或拔出胡萝卜的记忆一直伴随着我们，无论我们走了多远，都将重拾初心。

在种植传统的传承中有一种姐妹情谊。它可能是从一代传到下一代，也可能存在于交换插条和分享多余植物的朋友之间。通过在社交媒体交流、交换种子时，在每一位帮助我撰写本书的女性身上，我都发现了这一点。我深受这些联系的启发，并希望女性花园的概念能帮助我们创造更多价值。

本书前面的章节中，园艺操作步骤较少，更多的是对植物多种可能性的介绍。每一章内容都充满创意，展示了植物的多种用途，希望你阅读时能有所获。

植物加工包含干燥、碾碎、浸泡或烹饪。

许多有益植物有多种用途。它们可以用于食物、染料、香薰和吸引传粉昆虫。有些甚至对装饰观赏园林起到重要的作用——具有美丽的形状或形态，或可保护隐私。如果你想尝试，可先从种植具有不止一种用途的植物开始。

野生植物的入侵是一个问题，花园中许多物种会受到威胁。如果可以，尽可能自己种植植物，而不是从大自然中移栽。不过，花园里的杂草是可以应对的，入侵当地的外来物种亦是如此。另外，不要让引进的植物"外溢"，因为它们可能会成为本地动植物群的威胁。

有益植物适合任何花园。你可能已经拥有良好的种植空间，并且能将新植物栽种到现有花坛中。也许你只有一小块在房屋前面的草地，或者根本没有花园。不管是你的花园有局限性，还是你没有花园，你都可以巧妙地将许多有用的植物种植到窗槛花箱、花盆、花坛、温室或塑料大棚中。在后文中，你也会注意到，本书中的许多花园是农舍花园风格，轻松自然，却有非常丰富的植物和特色。即使空间不足，你也不必因植物实际种植间隔小于建议间距而感到紧张。不是所有植物都能存活，但有些植物可以，你要慢慢了解、学习。

许多植物可以在你的花园里生长良好，而有些植物不能。你要了解所在地区的气候和土壤类型，并利用花园中有遮蔽物的空间。引入植物时，要参考简明扼要的种植建议，多年生植物要考虑冬季耐受温度——低于这个温度，植物将无法生存。你还需要做进一步的调查，以判断花园的湿度、夏季温

收获植物。

度和土壤是否适合植物生长。

安全第一。如果你在服用药物，请向你的医生咨询想种植的香草是否对身体有影响。在制作手工皂，使用电动工具或使用媒染剂、混凝土时，穿戴好个人防护装备。如果你对某植物过敏，请确保你想尝试种植的新植物中不含过敏物。种植植物请保持谨慎和理智。

许多情况下，你需要加工植物以便在园艺项目中使用。加工过程可能涉及干燥、冷藏、浸泡或压榨。每个项目将带你了解加工和使用相应植物的具体方法。为了成功和安全，认真遵循步骤是很重要的。从现在开始，欢迎来到用植物点缀家居和提高创造力的迷人世界。

目　录

美容

家庭和手作

可食花园

1

家庭菜园

迪安娜的花园

姓　　名：迪安娜·塔莱里科（Deanna Talerico）

花园位置：美国加利福尼亚州

当地气候：温带沿海气候，冬季平均最低温度45℉（7℃）

植物种类：可食用作物、吸引传粉昆虫的花卉等

制　　作：现采新鲜膳食和厨房花园DIY

迪安娜的花园里，金色的加州阳光和茂盛的可食用景观都非常迷人。她说绿叶蔬菜是她最喜欢种植的蔬菜，但它们绝不是唯一。这个1/4英亩（约为1011.71m²）的花园每一处都独具特色，使它成为一个高产、可持续的厨房花园。花园中有15个花坛、25棵果树、食用灌木丛、无数开花的多年生植物、一个雨水收集系统和一间温室，甚至还有饲养母鸡的空间和一片饲养君主斑蝶的区域。

从干枯的草地变为丰饶的美食花园。这是迪安娜的前院。

一块 1/4 英亩（约为 1011.71㎡）土地的收成足够丰硕了。

花坛和垂直的棚架上长满了可食用作物和吸引传粉昆虫的花朵。

　　这是一个我们都梦想拥有的园艺清单。谁不喜欢从树枝上垂下的柠檬和鳄梨（牛油果），在花坛中生长的绿色植物和挤在绿叶空隙的香草和花朵呢？这是一个女性创造的美食乐园，使迪安娜在照片墙（Instagram）上名声大噪。

　　适食性是这个花园的特点，因为迪安娜种植的几乎都是食物，其余则是可为动物和传粉昆虫提供食物的植物等。如果植物不发挥作用或"自食其力"，就会被淘汰。花园里没有"偷懒"植物的空间。

　　迪安娜每天用自产农产品做时令菜：现采鲜汤、蔬菜沙拉、嫩煎菜肴，应有尽有。她用自制酵母发酵剂做的酸面包，松软且易消化，会让你忍不住流口水。有些面包的颜色也惹人喜爱，如用胡萝卜"黑星云

（Black Nebula）"制作的深紫色面包，用甜菜制作的粉色面包。花园的一切都被充分利用，剩余的植物和厨余垃圾，会被保存、制成堆肥或喂鸡。

　　尽管现在看起来整洁美丽，但不久以前，这座花园还是一座普通的郊区平房周围环绕着的一片杂草丛生的草地——除修剪草坪外，人们很少踏足。迪安娜和她的丈夫亚伦（Aaron）买下了这套房子，因为这套房子有他们那时能负担起的最大户外空间。一点点地，他们建花坛，打造户外生活空间，实现了一个十年目标：建造一个有机的迷你农庄，这个农庄能提供新鲜的农产品和他们喜欢的生活方式。这种转变启发了人们的想象力，说明任何一块土地都能成为一个高产的家庭菜园。

迪安娜在花园里种了 25 棵果树，包括这棵鳄梨树。

最初这只是一个模糊的想法，当时迪安娜是一个正在攻读环境学学位的学生。在追求生态环保的氛围下，她对水资源压力和污染的影响有了更深了解。她四处寻求自己可以提供帮助的方法，作为一名学生，她有时间通过行动主义去追求这些事业。她发起了一场运动，鼓励人们少喝瓶装水，用厨余垃圾制作堆肥，并开始自己种植可食用作物。她当时不知道自己想成为一名园丁，她只是想找到一种将自己的价值观付诸实践的方法。

漂泊不定，住在租的房子里，使建造花园成为一个挑战（我们很多人都清楚这一事实）。因此你能明白迪安娜最早的园艺活动仅限于小花坛和花盆的原因：当她搬家时，花盆也可以搬走，至少它们很容易清理，使她能拿回房屋押金。从那时到现在，她犯了很多错误，吸取了很多教训，她承认自己一开始对园艺一无所知，甚至不知道如何使室内植物成活。她现在知道的关于种植的一切都来自经验、向其他人咨询，并在出现问题时查阅资料。

最终，在毕业后的生活里，现实开始加重生活的负担——通勤、日常琐事，以及一切使经济状况改变的因素。如何在全职工作的同时过着环保型的生活？经过一番思考，她确定最简便的方法是建造一个家庭花园。种植有机食物能抵消现代生活中一些不良影响。

这个想法生根发芽。进一步的研究和阅读使她从业余园丁转变为雄心壮志的小农庄主。她说："我不但要种植蔬菜、水果和香草，而且要饲养鸡、储存食物、应季而生，随季而食，这一想法让我深受启发。"

这是很多人的梦想，但很少有人能实

胡萝卜"黑星云"将迪安娜自制的酸面包染成紫色。

现。从种植一些蔬菜，到把你的院子变成农场，这是一个重大的心态转变。这不仅仅是想要一个大菜园或几只母鸡的想法；而是要与食物近距离接触，与可食植物的生长方式及我们与之的关系密切相关的实践。这意味着要像胡萝卜一样看重土壤，像叶子一样看重雨水。理解自然系统，并与之共同创造一个在某种程度上自我维系的"食物贮藏室"。当你设计了一个与自然融合的花园时，就表明我们在其中占有了一席之地。

迪安娜的花园帮她实现了这个梦想。这是一个已完成但仍逐渐发展的空间，提供新鲜、有益健康的食物，将对环境的不利影响降到最低。她说，建造自己的花园是一个开始，"更值得做的是教学、给予他人力量和激励他人也这样做"。

当你因迪安娜的花园受鼓舞时，请记住，它是由几盆番茄和一个萌芽的想法发展而来的。每个花园的形成都有起点，所以，在土壤中种植一些植物，观察它们的长势吧。

自产农产品一览

在你的可食花园里种植你喜欢的食物。以下是一些激发你食欲的方法。

上图　缩短采摘和烹饪玉米之间的时间后，味道会大不相同。

中图　有斑纹的甜菜"基奥贾（Chioggia）"煮后会变成米黄色，但腌制或生食时看起来很棒。

下图　为收获有机蔬菜，通常需要用到网或栅栏，以保护作物。

上图　马铃薯有数百种品种可供种植，包括双色的马铃薯"阿帕奇（Apache）"。

下图　许多可食用植物在种植箱中生长良好，包括矮果树。这个大种植箱中有一棵苹果树、一棵梨树，还有羽衣甘蓝、草莓和香草。

紫色豆荚的豌豆，如豌豆"紫玉兰（Purple Magnolia）"，它们不仅看起来漂亮，还更容易发现和采摘。

绿叶蔬菜，如小白菜和生菜，生长速度很快，能在日照不太充足的条件下生长。

许多蔬菜都能攀爬生长，比如图中生长在拱门上的南瓜。

番茄可以在室外生长，也可以在温室和光线充足的室内生长。

像浆果这样的作物通常需要支撑和保护，但每年都会以丰厚的收成回报你。

建造一个新菜园

　　没有任何两个花园是相同的，正如你在栅栏旁或参观朋友花园时看到的一样。植物种类不同，设计、哲学和用途也不同。气候和土壤也是影响因素，能够成功种植的植物种类，是那些能在我们独特的环境中苗壮生长的植物。即使是邻近的花园，也会因树篱、斜坡或建筑物形成不同的小气候。

　　当你开始建造一个新菜园时，以上这些也许会让你望而却步。幸运的是，每个花园的"DNA"都是一样的，如果你了解植物需求的基本原理，就能在几乎任何地方建造一个花园。

上图　你可以使用栅栏、羊毛状织物和浆果棚架来做好作物的防风工作。
下页图　花坛能帮助你在具有挑战性的土地上建造花园。

用堆肥改善和保护土壤是种植可食用作物的关键。

园艺作物

野生植物是环境的产物，那些不耐寒的和"机会主义"的植物无法存活，基因传承便会中断。这就是任何一块当地土地都能使本地植物生长良好的原因。花园蔬菜大不相同——人们培育胡萝卜、豆类、南瓜和生菜，目的是取得高产量，尽管是以牺牲它们的"生存技能"为代价。如果说野生植物是狼，那么园艺作物就是宠物狗。花园之外是一个严酷的世界，没有友善的园丁来照料植物。

粮食作物需要你的关注、时间和照料。它们大多喜欢肥沃和微酸的土壤、防风、定期浇水和充足的阳光。但是每种植物都不同，在你的花园里，有些植物会比其他植物生长得更好。

为花园选址

从为花园挑选最优地址开始。大多数蔬菜和水果一天至少需要6h的光照，因此要确保你的土地能接收足够的光照。如果全天都能照到阳光，说明你做得完全正确；但如果建筑物或树木遮蔽了阳光，那么你种植的植物种类可能会受到限制。

树木可能会给你"双重打击"，因为它们的根部会"愉快地"从你的花园土壤中偷走水分和养分。所以，尽量使植物远离树的根部。你可以通过观察林冠来估算树木的生长空间：站在一棵树的树干旁，水平测量从树干到树冠边缘的距离。将这个数字乘以三，就是树木和植物种植区之间的最短距离。

另一个需要考虑的问题是和房子的距离——花园离房子越近，越便于打理和照看。我有两个花园，一个在家中，另一个在租来的土地上。我每天都花时间打理、养护家中的花园，而租地上的花园每隔几天才去一次。我在家中的花园种植要定期收获的植物，而在需要驱车前往的花园里，种植需要更长时间生长或者不太可能被野生动物吃掉的作物。

花园布局

最能帮助你描画出花园的工作是清除和修改，而且它们比更换草皮和挖掘有趣得多。在选定位置后，进行测量并在纸上画一个轮廓。图可以粗略，但最好按照比例画。我建议在图上先添加所有现存建筑、想保留的植物和高频活动区，例如，家庭成员到车库、棚或温室的路。

在花园里，精心建造的路的作用被低估了，但它们能使打理花园方便很多。在夏天，它们可以阻止野草蔓延到你的种植区；而在冬天，它们可以帮助减少泥浆，形成更安全的步行区。你可以在地面上铺硬纸板，并在其上堆木片，从而铺设出简单的道路。用小砾石、铺路石或其他材料建造的道路可能很雅致，但成本要高得

多。请设计你的道路，让你和你的手推车都能轻松通过。

接下来要说的是种植空间。明智的做法是挖掘并观察表土层的厚度，同时判断土壤类型：黏土、壤土、沙子、淤泥、白垩或泥炭。每一种土壤都有优点，有些土壤则有需要设法解决的缺点。新花园通常表土不多，在这种情况下，最好建升高花坛（第118页）。

大胆一点，把你的花坛建在阳光最充足的地方，即使是在院子中间。我家中的花园，由内而外我都要照料，并避免把任何主要的花坛安置在花园边缘。其中一个原因是，我想使花坛的所有角落都便于打理和收获。

花园的视觉设计取决于你和你的需求。直线型的花园更容易维护，但协调形状的花园看起来更自然。建议使用对粮食作物更安全的材料，并从本书中的花园和其他来源获取灵感。另外，你还需要考虑想种植的植物种类，以及它们成熟时需要多少空间。

通道

设计种植区域是没有限制的，但你应该考虑通道。种植蔬菜往往耗费精力，你需要定期全方位照料它们——这就是我的花坛只有4~5英尺（1.2~1.5m）宽的原因。

在花园里工作应该是舒适的，如果弯腰、走路或照看植物成为难题，请用设计来帮助你解决。架起的种植空间、宽阔平

先用堆肥覆盖草坪，然后用耐用的覆盖物覆盖几个月，以清理这片区域。

坦的道路和为你导航的地标等，会帮助解决这些问题。另外，我的一位朋友为一些有视力障碍的园艺工人设计社区花园时，她意识到使用不同材质的材料建造道路有助于人们找到正确的路。

清理土地

除非你选择在高架花坛或在种植箱中种植，否则你大概会直接在地面上建造你的花园——此时，地面上可能覆盖着草、灌木和其他植物。有几种方法可以帮你清理花园地面，但第一步应该是挖出所有大型植物和顽固的多年生杂草。

接着，动手建造一个有机花园的最佳方法之一是在地面上放置一层纸板，并在上面覆盖6~12英寸（15~30cm）厚的堆肥。蔬菜将在肥沃的堆肥中苗壮生长，这意味着你可以立即种植植物。硬纸板将帮助清理其下的土壤，蠕虫会把养分带到土壤中。蠕虫为你耕作，这种园艺方式符合查尔斯·道丁（Charles Dowding）推广的"免耕园艺"观念。

你也可以在除草后，在地面薄薄铺一层堆肥，然后用结实的塑料布覆盖几个月。这是我的首选方法，因为可以相对快速地覆盖大片区域，并且使用更少的堆肥。这个办法在夏天或冬天都很有效。最后，你会得到一块块被清理好、被覆盖的土地，为种植做好准备。

虽然我不反对松土、除草，但这通常是不必要的艰苦工作。我也不喜欢使用旋耕机，有两个原因：会生杂草和要除杂草。在我看来，杂草是一种永远令人生厌的植物，它们会干扰作物生长。旋耕机会将多年生杂草的根切成几十段，其中有许多很可能长成新的杂草。我曾看到两个花园因此长满酸模和旋花类植物。旋耕机还会将在地下埋藏已久的杂草种子带到地表，其中许多种子会生根发芽。

富含营养物质的土壤

植物生长在包含碎石、矿物质、有机物、水、真菌和其他土壤生物的复杂混合物中。植物根部甚至能与土壤中的生物网建立联系，并从中汲取养分。这就是增加土壤肥力比培育植物更重要的原因。

最好的方法是每年用有机堆肥覆盖你的种植区表土。堆肥可以购买，也可以用花园废料、厨余垃圾、有机肥料及其他天然材料制成。铺2~4英寸（5~10cm）厚的一层堆肥即可。作为建种植区的最后一步，这一简单的步骤每年在秋季或春季进行，通常足以保持花园植物的健康生长，还能阻止杂草的种子发芽。

如果你所在的地区夏季炎热，你可以再加一层覆盖物以锁住土壤水分。如果你住在海边且能找到足够的海藻，把海藻当作覆盖物是极好的。你也可以使用稻草、修剪下的草、报纸。栽种或播种时，将这一层通常1英寸（2.5cm）厚的覆盖物除去，露出下面的堆肥即可。

托盘草莓花坛

你可以在这种可升级改造的托盘花坛中种植十几株或更多的草莓植株。

制作环保型草莓花坛，所需的只是一个木托盘、种植介质、草莓植株，以及一些工具和其他材料。花坛能持续使用几年，这为你提供了一种在露台和小花园等较小空间种植大量草莓的方法。这是一种美丽的花坛，也很实用——果实成熟时会从侧面垂下，便于采摘。

在家中和园艺项目中使用托盘时，需确保木材经过热处理，而不是化学处理。你可以通过查看托盘侧面的标记来检查。如果标记是"HT"，说明符合要求。如果标记为"MB"，请避免使用，因为木材已被喷过农药。

有各种形状和类型的木托盘可供选择。如果你的托盘看起来和这里的不同，没关系。遵守基本原则，将它切割成三片，然后用现有材料组装即可。

材料

经过热处理的托盘

6块砖

绿化用无纺布（或替代材料，如椰壳纤维）

多用途有机混合培养土

有机堆肥

草莓植株

工具

» 手锯或钢丝锯

» 3英寸（7.6cm）和1.5英寸（3.8cm）长的镀锌螺钉

» 防护镜

» 无绳式钻孔机

我建议在这种容器里种植四季草莓或日中性草莓，因为能延长收获期。

从处理一个质量良好、无化学物质的木托盘开始。

把托盘分割，形成花坛的三个主要的面。

使中间部分的垫块（上图中凸起处）相接，或将它们移除后用这些垫块作为花坛的四个脚，而非用砖块垫起花坛。

1. 将托盘倒置，放在地面上（第25页图为正放状态）。尽可能多地从底部切下木板。假如你的托盘上有垫块，挨着垫块切割。将木板放在一边，等到步骤4时使用。

2. 将托盘切割成三等份。不要横切上面的主要木板，而应竖切。如果可以从中间部分拆下垫块，下一步可能会更容易，但这是非必要的。

3. 在三块木板中，原托盘的两侧部分将成为花坛的长侧面，中间部分将成为花坛的底部。用较长的螺钉穿过底部并钉入仍然连接在侧面上的垫块，以这种方式连接各面。两个人合作会更容易。

4. 用从托盘底部切下的木板来组成花坛两端的两面。

5. 将花坛放在目标位置，把四块砖放在花坛四角之下，用剩下的两块砖支撑花坛中间部分。选择花坛放置位置时，需考虑：充足的光照最利于种植草莓。

6. 种植之前，在花坛里垫上绿化用无纺布或其他材料。将以1∶1比例混合的培养土和堆肥的混合物填至花坛的第一个板条缝隙。在容器中种植可食用植物，我首选的堆肥是袋装有机肥料，但你也可以使用其他堆肥，包括自制堆肥。在侧面的绿化用无纺布上钻孔，然后轻轻地把草莓植株放进孔中。将更多的培养土和堆肥混合物填入花坛，直到下一个板条缝隙，继续钻孔、种草莓、填土。

7. 最后，在上方种植更多的植株，使它们间隔10~12英寸（25~30cm）。在植物的生长季节，要充分浇水和施肥。每隔几年更换一次容器和植物。

轻轻地将植物的叶子穿过绿化用无纺布。

种植沙拉蔬菜

沙拉蔬菜是最容易种植的作物之一，可以在菜地、露台生长，在某些情况下也能在室内种植。我在直立花架、果菜园、大种植园，甚至在一双旧靴子里，都曾看到过生长的生菜！它们也成熟得很快——种子发芽后，可以在短短四周内收获。

沙拉蔬菜不只有生菜，还包括任何在大餐盘中你可以生吃的嫩叶，或有类似叶子的蔬菜。它们的味道可从淡味到辣味，再到辛辣，口感从松脆到软嫩。它们的颜色在多数情况下是绿色，然而也有红色、紫色、白色和有图案的"绿叶蔬菜"。将绿叶与其他颜色的叶子做成混合沙拉，可以获得更好的风味和视觉效果。

上图　结球的奶油生菜和一种叶子卷曲的散叶生菜。

种植生菜

生菜主要有两种类型：一种是结球生菜，另一种是散叶生菜。结球生菜包括长叶生菜、奶油生菜和卷心生菜。它们通常需要空间来生长，因此露天花园通常是最佳生长环境。

选择种植的生菜品种时，要留意时间。有些品种在春天生长得较好，而另一些品种能忍受夏天的强光照，甚至还有一些品种可以在夏季的晚些时候播种，在更寒冷的月份里生长。简便起见，你可以选择一种耐寒品种，比如在大多数天气下都能种植的四季奶油生菜。

要在最后一个霜冻日的前几周播种。准备一个托盘，其中装满1英寸（约3cm）宽的块状无泥炭多用途混合培养土。在每块土上撒两三粒种子，并用混合培养土轻轻覆盖种子。轻柔地浇水，将之放在明亮、室温的地方，等待种子发芽。当它们开始生长时，掐掉长势较弱的植株，只保留长势好的。

等它们长到大约2英寸（5cm）高时，把它们移栽到室外。根据品种的不同，使植株之间间隔12~18英寸（30~45cm）。若在年初，一个拱棚将有助于保护它们免受寒风及低温影响。

在生菜生长周期的任何时候你都能收获生菜，但如果你想要一棵大小适中的生菜，需要6~8周的时间。那时你可以一下采摘下整棵生菜，也可以分几次采摘外面的叶子。如你想象，切下整棵生菜意味着这棵植物的生命结束了。分多次摘下一些外面的叶子可以延长生菜的生命，减少你的劳动量，并提高它的产量。

生菜和其他沙拉蔬菜种类丰富，它们的生长速度都很快。

用反复采摘的方法收获生菜。

种植"割了又长"的生菜

散叶生菜比结球品种更容易种植。它们更快成熟，需要的空间更小，几乎可以在任何地方生长。这种生菜没有形成球状植株，而是生有呈玫瑰花状排列的褶皱叶。这就是经常在超市看到的袋装沙拉蔬菜中的生菜。

尽管可以结球生菜的种植方式种植散叶生菜，但因为散叶生菜的嫩叶是它受欢迎的部分，所以最简单的种植方法之一是使生菜"割了又长"。这个方法是从生菜顶部切下少量叶子，让叶子重新生长，然后就可收获更多叶子。通过这种方式，同一株生菜最多可以收获四次。

在花坛或种植箱中稀疏地栽种或播撒种子——生菜是浅根性植物，因此种植箱只需大约4英寸（10cm）深。先盖上松散的堆肥或土壤，再种上生菜，使它们之间相隔约1英寸（约3cm）。收获时你可以用剪刀从每株植株上剪下一些叶子。在植株根部上方至少1英寸（2.5cm）以上位置剪取叶子，以确保有足够的叶子使植株重新生长。

一个美味浆果花园

七月，我的花园里结满了浆果。整个花坛都是多汁的草莓和粉红色的菠萝莓。在它们上方种植着一片覆盆子，第一批紫红色的果实开始隐约地在树叶间露出来。不止于此，我还种植了黑茶藨子、红茶藨子、蓝莓、无刺黑莓、灯笼果等。通过观察花蕾绽放和结出美味果实的时间，我标记着季节。最后，我用沾有浆果汁的手指和起泡的果酱来庆祝收获。

我喜欢每年只需付出较少劳动即能收获的浆果。大多数浆果品种是多年生植物，这意味着种植一次后，它们每年都会结果。你还可以将几十种类型、无数的品种增添到你的花园中——把浆果品种的植株固定在棚架、墙壁或树篱上，或分散种植在一个已建成的花园里。

适合每个种植空间的浆果品种

我将大部分的浆果品种种在花园的边缘。这样它们就成了花园的边界，不妨碍一年生作物的生长。它们的花朵也会吸引传粉昆虫，花园中的所有植物都会因此受益。想象一下，篱笆状棚架上的黑莓和覆盆子，一排排茶藨子充分利用了较小的生长空间。

上图　刚从花园里摘下的自产浆果。

你可以选择同样的做法，但如果鸟类和其他野生动物令你担忧，你也可以在果树防护网里种植浆果。网状空间允许人们和传粉昆虫进入，但能保护植物和浆果免受野生动物的侵扰。鸟类和鹿，同我们一样喜欢浆果。

另一种种植浆果品种的方法是将其种植在大花盆和种植箱中。蓝莓就是以这种方式茁壮生长的，特别是当花园土壤碱性过强，不利于它们生长时，这种方法是最有效的。甚至还有很多种为在种植箱中种植而培育的小型果树和灌木。

种植种类

为你的花园选择哪些合适的浆果品种，取决于你喜欢食用及能在你所在地区茁壮生长的浆果品种。我发现最好的办法是经常逛农贸市场，品尝并询问商家品种信息。此外，也可以咨询一个当地独立的花圃或所在社区的一位博学的园丁。特定地区培育的品种，在这些地区之外可能并不广为人知。

夏季草莓

草莓几乎可以在任何气候下生长，是我最推荐在花园种植的浆果种类。如果你所在地区夏季温度在60~90℉（15~32℃），草莓就会是很好的夏季作物。如果温度更高，你可以在秋天种植草莓，使之作为冬季作物。冬季你在超市里看到的草莓，可能是在美国佛罗里达州、西班牙和埃及等地种植的。

常见的花园浆果

- 黑茶藨子
- 蓝莓
- 博伊森莓
- 灯笼果
- 蓝果忍冬
- 越橘
- 罗甘莓（*Rubus loganobaccus*）
- 马里恩莓（Marionberry）
- 桑葚
- 菠萝莓
- 覆盆子
- 红茶藨子
- 草莓
- 泰莓（Tayberry）

草莓最适宜在地面土壤中生长，但也不排斥被种植在花盆、窗槛花箱或第24页中的托盘草莓花坛中。在春季种植盆栽植株，或在冬季种植裸根植株，使草莓植株相隔12英寸（30cm），种植在大约4英尺宽、8英尺长（1m×2.5m）的区域。如果你有更多空间，更传统的做法是使它们的间距为14~18英寸（35~45cm），种植成两排，两排的间距为2~3英尺（0.5~1m）。在种植箱中种植时，植株间距可以小一些，但需要更频繁地进行施肥和浇水。

每株草莓常常在3~5年内是高产的。幸运的是，你只需要购买并种植一次，就可以利用它们的匍匐枝来丰富你的果园。如果你巧妙地选择了种植品种，就能在整个夏天享受美味的草莓。

草莓主要有三种类型：六月草莓、四季草莓和日中性草莓。正如你预料，六月草莓在初夏的两三周内能收获大量的果实。虽然有早熟、中熟、晚熟品种，但它们的种植时间通常只差几天。

四季草莓一般产量较少，整个夏天大

为能收获两三次。高山草莓属于四季草莓，我在花盆和花园边缘都种植了它的栽培品种"金色亚历山大（Golden Alexandria）"。它们的果实较小，但采摘和手捧着吃很有趣味。对于园艺初学者和儿童，它们是绝佳选择。

最后一种草莓叫作日中性草莓，是我在小花园里最爱种的。只要温度保持在40~85℉（4~29℃），它们就能结果。如果整个夏天你都想收获新鲜的草莓，这类草莓是你的最佳选择。我还种植了一种名为"马拉波斯（Mara des Bois）"的美味草莓，果实中等大小，有野生草莓的味道，能做出极好的果酱。

上图　高山草莓在花盆等容器中生长良好。
下图　菠萝莓结出白色到粉红色的果实，表面有小红籽。

上图　草莓酱是贮存草莓收成的一种好方法。
下图　日中性草莓整个夏天里都结果。

低维护食用植物

维护一个家庭菜园并不容易，任何能节省时间和精力的方法都值得关注。这就是所有人，无论是新手还是有经验的园艺师，都应该种植低维护的作物的原因——与其他植物相比，食用植物需要的关心、关注度、资源投入和劳作更少，但仍有富足收成。简言之，建议种植低维护需求的多年生植物。

上图 菜蓟可在八年或更长时间内保持产量。

大多数蔬菜都是一年生植物，这意味着每年都要播种、育苗、提高其耐寒能力、移植和照料，直至其成熟。收获之后，又会重复这个流程。但如果你能只播种一次，就在未来几年内都获得收成呢？

与一年生植物不同，多年生可食植物"忠实地"生长很多年，有时可无限期生长。许多多年生植物在冬天落叶或枯萎，

上图 波叶大黄养护成本低，可存活数十年。

上图 用葱叶代替北葱的叶。

下图 豆瓣菜需要一个松软潮湿的环境，但你可以
把豆瓣菜种植在花盆中，再将这个花盆放入
另一个装满水的容器中，以此创造它需要的
环境。

旦到了春天，它们又重获新生。多年生植物包含我们前面提到的浆果植物，但还有更多种类：果树和坚果树，香草，甚至蔬菜，这些都能不费力地收获。

多年生蔬菜产出可食用的绿叶、根、嫩芽、块茎、珠芽和头状花序。一旦将它们种植在适宜的地方，你就可以任其自生了。每年覆盖一层护盖物，有时为其提供一些生长帮助，这通常是要做的所有工作。种类不同，需要的关注程度和耐寒性不同，因此你要调查植物能否在你所在的地方生存，以及它们是否要特别关照才能存活。

我无法表达有多么喜欢花园里的多年生植物。我每年收获的第一批绿色蔬菜是韭菜，其次是波叶大黄、葱和楼子葱。它们都在花园中生长了很多年，我几乎认为它们的收成是理所当然的。另外，我会定期在花园添加一些新品种植物，所有植物都长得很好，包括花卉和一年生作物。

多年生蔬菜	
植物名称	耐寒温度
芦笋（石刁柏）　*Asparagus officinalis*	−40℉（−40℃）
刺苞菜蓟　*Cynara cardunculus*	10℉（−12℃）
高加索菠菜　*Hablitzia tamnoides*	−40℉（−40℃）
宝塔菜（甘露子）　*Stachys sieboldii*	−30℉（−34℃）
道本顿甘蓝　*Brassica oleracea* var. *ramosa*	−10℉（−23℃）
玫红山黧豆　*Lathyrus tuberosus*	−20℉（−28℃）
法国酸模　*Rumex scutatus*	−40℉（−40℃）
菜蓟　*Cynara scolymus*	0℉（−17℃）
辣根　*Armoracia rusticana*	−40℉（−40℃）
菊芋　*Helianthus tuberosus*	−40℉（−40℃）
南欧蒜　*Allium ampeloprasum*	−10℉（−23℃）
波叶大黄　*Rheum rhabarbarum*	−40℉（−40℃）
海滨两节荠　*Crambe maritima*	−30℉（−34℃）
欧亚泽芹　*Sium sisarum*	−20℉（−28℃）
羽衣甘蓝　*Brassica oleracea* var. *acephala*	−10℉（−23℃）
楼子葱　*Allium cepa* var. *proliferum*	−10℉（−23℃）
豆瓣菜　*Nasturtium officinale*	−10℉（−23℃）
葱　*Allium fistulosum*	−10℉（−23℃）

香草花

月季

芳香天竺葵

金盏花

2

食用花卉

南瓜花

三色堇

油菜花

矢车菊

石竹花

旱金莲

简的花园

姓　　名：简·比林顿（Jan Billington）

花园位置：英国德文郡

当地气候：夏季温和而干燥，冬季平均最低温度34℉（1℃）

植物种类：食用花卉和吸引传粉昆虫的植物

制　　作：有机食用花卉

早上6点，在农场，简享受了一会儿宁静的晨光，开始计划新的一天。远处已经传来蜜蜂的嗡嗡声，娇嫩的花朵傲然挺立，花朵上还满是昨夜的露珠。在一年的不同时间，有不同种类的食用花卉可供采摘：三色堇、月季和韭花，等等。尽管有些人会想象她穿着飘逸的裙子，提着篮子采摘的场景，但实际上并非如此。她是个不折不扣的农民，马上就要开始劳作了。

食用花卉的花瓣和饱满的花头，可用于烹饪或食品装饰。它们在维多利亚女王时代很受欢迎，近年来也有了复兴的迹象。它们是高级餐饮和特殊场合的宠儿，因精致的外观、美丽的颜色和丰富的口味而备受青睐。甚至还有一种食用花卉，桂圆菊（*Acmella*

下图　简的农场占地超过3英亩（约12140.57m²），有50多个户外花坛。

oleracea），它能让你的嘴产生刺痛感，然后在之后的一小段时间改变你的味觉——你可以想象，这种花卉在时髦的夜总会会备受好评。

　　简的父母都是狂热的园艺爱好者，因此她认为她一定是遗传了这一点。自己搬出来住后，她开始在伦敦的一楼公寓后面种植蔬菜。那是一个环境恶劣的社区，而且很破败，但是100英尺（30m）长的后院打动了她。

　　当简在她的第一个花园里种植蔬菜时，她就对为野生动物创造生活空间产生了热情。她甚至在一个约会对象的帮助下建了一个池塘。在那天的努力下，不仅青蛙搬了进来，简的王子也搬了进来——约会对象是她后来的丈夫斯图尔特（Stuart），现在他们结婚已经差不多30年了。

上图　可用月季花瓣做蛋糕、饮料，或制作花糖浆。
下图　夏日盛开的矢车菊和百日草。

他们结婚不久且孩子还小的时候，简和斯图尔特决定"逃"到乡下。当斯图尔特上班时，简忙于在英格兰南部德文郡的新家建一个农场。那时，她的农场是一块面积3英亩（12000m²）的"未开垦的长满杂草的土地"。随着工作的开展，她将这块杂草地逐步清理干净了。如今，大约20年过去了，这个农场拥有5个塑料大棚和50多个室外花坛。从一开始，她就使用英国土壤协会制定的有机标准养护了所有的土壤。成为一名合格的有机种植者，是一个对她的作物及土壤健康都至关重要的决定。

简的一些种植技术一度被认为是新奇的，但现在它们在可持续农业中的重要性已被承认。她最关心的是蜜蜂，因为在世界各地，传粉昆虫的数量都显著减少。简不再使用杀虫剂，而是开始全年为昆虫提供栖息地、庇护所和食物来源。例如，每年春天，她都会留出草地来种植蒲公英，因为蒲公英是蜜蜂在年初的重要食物来源。

意识到花卉的重要性后，简开始在粮食作物旁间种各种花卉，以吸引各种蜜蜂、食蚜蝇和其他有益昆虫。当这些昆虫为花卉传粉时，也能为作物传粉，提高作物产量，并帮助解决虫害的侵扰。大多数传粉昆虫的引诱物，恰好也是食用花卉。

起初，简的农场是一个传统的果蔬农场。她种植了各种蔬菜，并提供装满胡萝卜、马铃薯和生菜的农场食物箱。慢慢地，她开始向当地餐馆提供各种沙拉蔬菜，以及一些她种植的食用花卉。他们马上就认可了她的食材。商品蔬菜种植可能是一项艰难的业务，但通过种植支持自己精神理念的植物，简发现了商机，并开始完全专注种植食用花卉。

上页图 食用花卉吸引传粉昆虫，同时也是一个可行业务的基础。

右 图 简离开城市后，在英国乡村实现了梦想。

用她自己的话说，食用花卉是一种奢侈品。它们脆弱，难运输，必须按照食品卫生标准进行种植和收获，而且价格昂贵（如果是有机花卉，且需要手工收获，这一点尤为显著）。为了满足要求和降低成本，在高档饮料中和婚礼蛋糕上的许多食用花卉，是按照惯例由国外种植并冷藏空运过来的。因此，简拥有英国唯一获得有机认证的食用花卉农场。可见，种植食用花卉是一种充满爱的劳动。

简说："在选择要种的食用花卉种类时，首要考虑的是你喜欢吃什么。如果你是一个烹饪爱好者，那么很多美味的花卉都很棒，比如辛辣的芥菜花、胡椒味的芝麻菜花或葱味的葱花。如果你热衷于烘焙，美丽、甜美的花卉就是极好的装饰，如三色堇。如果你喜欢鸡尾酒，一些美妙的风味花卉，比如月季或薰衣草，可以制成很好的花糖浆。"

种植有机食用花卉不必一定在农场。事实上，简希望看到更多的人在家庭菜园里种植它们。自己种植可以节省资金，减少大量的食物里程（食物由生产地到消费者的距离），并减小农药污染的可能性——这是你在超市或花店里看到花卉时真正担忧的。最重要的是，食用花卉不仅美丽，它们还扮演着复杂且多方面的角色：作为共生植物，传粉昆虫的花粉和花蜜来源，以及我们的食物和饮料的增味剂。

食用花卉一览

种植食用花卉以吸引传粉昆虫，为食物增添色彩和风味。

上图　北葱花有葱味，味道能很好地融入醋中。

下图　可将芳香微苦的丁香放入沙拉和果酱（如花糖浆）中。

上图　可用三色堇装饰饮料、饼干和新鲜沙拉。

下图　南瓜花柔软但结实，足以盛放奶酪和油炸食物。

上图　月季花瓣和香精可以做装饰，但放入甜点、糖果和鸡尾酒中很美味。

中图　辛辣的旱金莲当作开胃菜很美味，你也可以腌制它的种子。

下图　如果芝麻菜过早结实，不宜食用叶子时，可食用它小而辣的花朵。

上图　玻璃苣花分蓝色和白色两种，味道都像黄瓜。

中图　芳香天竺葵有不同的味道——柑橘味、玫瑰味和辛辣味——取决于品种。

下图　娇嫩的鼠尾草花朵尝起来像是淡味的叶子。

你花园中的食用花卉

食用花卉能增加食物的色彩和风味，如果你正在策划一个特别的聚会，它们真的能令食物产生令人惊艳的效果。你只需在适当位置放上合适花朵，就会使蛋糕、沙拉或鸡尾酒从普通款升级为完美款。我喜欢食用花卉的一个原因是它们非常清香和短暂——许多花只在一小段时间内或特定季节开花。三色堇和勿忘草在春天开花，月季和矢车菊在夏天开花，如火的旱金莲在秋天盛开。

如果你是"园丁"，不管你是否意识到，你的花园里也许现在就有食用花卉。一些观赏植物是可食用的，许多蔬菜的花朵也是美味的。食用花卉种类繁多，你可以将它们种进任何狭窄的空间。它们可能是种植箱中的视觉中心、补白的植物或溢出花盆的下垂植物，或与鲜切花和蔬菜成排种植在一起。有些植物完全不挑剔生长地点：在我刚买下房子时，露台所有裂缝都长满了自然生长的洋甘菊和金鱼草。

上图　饮品里的三色堇和背景中的芳香天竺葵。
下页图　夏季开花的食用花卉，如石竹、三色堇、旱金莲等。

将北葱的花朵浸泡在白葡萄酒醋中两个星期。

过早开放的芸薹属植物的花往往味道较淡，但芥菜和芝麻菜的花会有较明显的辣味。

蔬菜和香草花卉

用于烹饪的植物所生长的花是可食用的，包括烹饪香草（如百里香和芫荽）、豌豆、南瓜、萝卜，甚至还有草莓。南瓜花可能是最著名的蔬菜花了，它们柔软如天鹅绒，但足够强韧，可以装奶酪和其他食物。洋葱和北葱的花也可食用，吃起来有葱味。如果你种植紫荚豌豆，其薰衣草色的花朵将为咸味菜肴增添淡淡的豌豆风味。

当一种作物抽穗或过早开花时，它的花通常是可以食用的。芝麻菜和蔓菁的花是胡椒味的，就像它们的叶子一样，而紫球花椰菜（Purple-sprouting broccoli）的花是沙拉配料，很好看，且味道温和。

收获可食用的花朵

食用花朵往往很脆弱，所以要在你打算使用它们的当天再采摘。在干燥、温暖的早晨采摘，采集后将花朵轻轻放在一块软布上。不必清洗花朵，但要确保它们上面没有昆虫，并保持干爽。你可以用冰块（第51页）保存食用花朵，或进行"结晶"处理，以延长它们的寿命。

你可以用蛋清涂抹食用花朵，然后把花朵裹上砂糖，使其"结晶"。将花放在烘焙纸上，待完全干燥后将它们储存在密封容器中。在接下来的六个月里，你可以用它们来装饰蛋糕和甜点。

不是所有的花卉都可食用

三色堇、报春花和凤仙花等花坛植物也是可食用的花卉。当你兴致勃勃想要开始制作时，你很容易冲动之下将它们买回来，但请谨慎行事。因为几乎所有售卖的花坛植物都喷洒了有毒的化学物质，目的

受欢迎的可食用花卉

植物名称	味道和小贴士
玻璃苣 *Borago officinalis*	玻璃苣是一年生自播植物，叶子有毛，开蓝色或白色的花，花味道像黄瓜；可用于夏季饮品；春季至秋季开花
金盏花 *Calendula officinalis*	金盏花也是一年生的自播植物，其花瓣能够为食物增添金黄色，吃起来有淡淡的胡椒味；烹饪时花瓣能保持颜色；春天到秋天开花（如果种植在温和的地方，能在整个冬季开花）
北葱 *Allium schoenoprasum*	北葱是多年生草本植物，开紫色的花朵；可以用来制作沙拉和炒菜，或浸泡在醋中；春季至夏季开花，最低耐受温度为-40℉（-40℃）
矢车菊 *Centaurea cyanus*	矢车菊是一年生植物，味道温和；你可以把花瓣用作装饰品或给食品着色；夏季开花
石竹 *Dianthus* spp.	花有甜味和丁香味的一属植物，其中包括须苞石竹、康乃馨等；根据品种的不同，可以划分为一年生、二年生或多年生植物；因为花朵基部味道很苦，所以人们只食用它们的花瓣；夏季开花
薰衣草 *Lavandula angustifolia*	薰衣草花蕾有一种甜美的芳香味道，你可以将其加入糖、烘焙食品、冰激凌和茶——这是法国南部的一种流行风味；它是多年生灌木，最低耐受温度为-10℉（-23℃）；夏季开花
旱金莲 *Tropaeolum minor*	旱金莲的花、叶子和种子都带胡椒味。它是一年生的蔓性植物，同属的多年生植物块茎旱金莲，有可食用的块茎和花朵。旱金莲春季至秋季开花
月季 *Rosa* spp.	花瓣尝起来和闻起来是一样的，可用于甜点、果酱和葡萄酒。根据品种不同，可以分为多年生灌木或攀缘植物；月季是多年生植物，大多数可耐受的最低温度为10℉（-12℃）；夏季开花
芳香天竺葵（含香叶天竺葵） (scented leaf group) incl. *Pelargonium graveolens*	这些天竺葵的叶子和花香味浓郁；味道有从玫瑰味到柑橘味的，可以很好地融于蛋糕和甜点。它们是多年生植物，可耐受41℉（5℃）的温度；有几十个品种；春季至秋季开花
三色堇 *Viola* spp.	三色堇是一年生草本花卉，花朵具有类似生菜的新鲜味道；可用来装饰饮料、蛋糕、饼干和沙拉；冬季至初夏开花

是杀死真菌和昆虫。花店和超市售卖的花束也是如此。杀菌剂和杀虫剂可以在植物上停留很长时间，如果我们吃下去，很可能会生病。

除非你能买到有机植物，否则你应该从种子开始种植。大多数食用花卉的种植都很容易上手，它们可以在短短八周内开出大量的花卉。有些可食用花卉通过用块茎种植或扦插的方法种植会更好，如果你有朋友种了薰衣草或月季，你可以向他要几根茎，在家里繁殖。

另一件需要注意的事情是，并非所有的花都可以食用，除非你对某种花非常了解，否则不要用来制作食物。有些开花植物有可食用的部分，但植物的其他部分是有毒或有害的。谨慎对待所有新植物是明智的，即使是那些看起来很无害的花瓣。

 # 可食用花卉盆栽

在小花园中使用容器种植食用花卉的方法很实用。

窗台上摆满鲜花并不稀奇，也没有规定说它们不能是既好看又实用的。我们可以在一个大容器中种植多种可食用花卉，可以把它放在露台或阳台上，或安置在窗下。所种的食用花卉可以吃，当然也可以用于其他事情。

原料

2株有机微型月季

2株有机薰衣草

1株或2株有机金盏花

大容器

多用途有机混合培养土

蛭石

花盆垫脚（非必需品）

1. 在容器底部的洞上放一块石头或破损的赤陶罐。我用的这个容器尺寸是22英寸 × 14.5英寸 × 9.5英寸（56cm × 37cm × 24cm）。

2. 将混合培养土与蛭石以3∶1的比例混合后填入容器。蛭石有助于实现排水和保水的平衡。

不要使用超市出售的微型月季，因为它们可能被喷洒了各种有毒物质。可以从专业苗圃中寻找有机种植、无农药的微型月季。它们可以长到1~3英尺（30~90cm）高，可作为裸根植物或盆栽培育。

在容器中添加蛭石有助于保持水分。

3. 种植植物时，使它们的种植高度在土壤中处于同一水平线，将较高的薰衣草种在后面。我种的是两株薰衣草"孟斯泰德（Munstead）"，但薰衣草"希德寇特（Hidcote）"是另一种长得紧凑的品种，长势很好。充分浇水。

4. 如果你把容器放在平面上，使用花盆垫脚会将它略微抬高，这样水分就能轻易排出。花盆垫脚通常是陶土做的，但也可以买到橡胶做的、隐藏在花盆下面看不见的花盆垫脚。

每天都要浇水，开花的时候，每周给植物施一次有机均衡肥料。金盏花是一种耐寒的一年生植物，在花期结束时，你可以采集种子，第二年继续种。月季和薰衣草要在夏末时种在容器里或直接种在花园里。

许多可食用的花卉可以在容器中生长。较小的植物，如三色堇，适合小容器；那些根系庞大的植物，如薰衣草和月季需要较大的容器。

在小花园中使用容器种植食用花卉的方法很实用。

花卉冰块

如果不提前冻起来，花就会漂浮在冰块的上面。

冰块融化时，一些可食用的花会给你的饮料着色。苋属植物的花会将饮料染成粉红色（如上图所示），木槿属植物的花为饮料注入深红色。你可以把蝶豆花茶和花一起冷冻起来，这可以让你的朋友惊叹不已——它能将低酸度的饮料染成蓝色，但一旦掺入少量的柑橘，它就会变成紫色，甚至霓虹粉色。

简单、漂亮、实用，可食用的花卉冰块迎合了众人的喜好。从本质上讲，它们是普通的冰块，里面冻着花，你可以用来冷却透明或浅色的饮料，或者用来冰镇香槟。想象一下在夏天使用花卉冰块的鸡尾酒和聚会——或者把它们留给冬天的饮品，岂不是更好。没有什么是比用精致的鲜花来回忆去年的花园更好的方式了，那些保存完好的鲜花和你当天摘下来时一样娇嫩。

下面是一个简单的做法，但其中有几个小窍门，能够保证冰块晶莹剔透，同时还能保证花朵固定在你想要的位置。此外，要确保你使用的食用花朵处于最佳状态，并且它们的味道与你的饮料相配。黄瓜味的玻璃苣花和温和的三色堇与柠檬水或金汤力鸡尾酒是理想搭配，但你可能对胡椒味的旱金莲、熊蒜或芥菜花没有同样的感觉。

原料

蒸馏水
您选择的食用花朵

工具

» 冰块模具（最好是硅胶的）

虽然你可以使用过滤的自来水或泉水，但想制作最透明的冰块，最好使用蒸馏水。

1. 在冰格内注入1/4冰格容积的水，然后将模具放入冰箱冷冻。

2. 把冰块模具从冰箱里拿出来，把花放在你喜欢的位置。如果你把花弄湿了，它们会粘在冰上。再次冷冻。

3. 在冰格里加满水。再次将模具放入冰箱，至少冷冻一夜或12h。

4. 将冰块冻在冰箱中，可保存一年。

可食用花卉煎饼

这是一种既能拥有花园又能吃掉花园的方法。煎蛋饼是一种比乳蛋饼更坚硬的鸡蛋菜肴，你可以在炉子上开始做，在烤箱里收尾。它的制作方法简单，用剩菜和鸡蛋就可以做，是一种在早餐、早午餐或任何时候都可以享用的美味菜肴。

这道煎饼菜肴的独特之处在于添加了旱金莲。我使用叶子和花来为这道菜调味，使煎饼有一股淡淡的胡椒味。它们取代了平时使用的黑胡椒，如果想更辣可以多加一些。

这道菜虽然看起来很花哨，但很容易做出来。鸡蛋的黄色和蔬菜的红色、绿色为煎饼奠定了基调。在这样的衬托下，食用花的质地和颜色不禁让人感到不可思议。

上图　鸡蛋中掺杂的花为其增加了颜色和味道。

下页图　第二天吃的话，煎饼的味道会更好，所以提前做一个，这样就可以在聚会享用美味了。

原料

3个金黄色蛋黄的鸡蛋

1/2杯（120ml）浓奶油

3/4茶匙（4.5g）海盐

1/2杯你选择的可食用的花

3汤匙（45ml）橄榄油

1杯（160g）红洋葱，切碎

1/2杯（75g）甜红椒，切碎

3杯（60g）菠菜叶子

1杯（10g）旱金莲叶子

1/2杯（58g）干酪丝

可食用的花，包括用于装饰的旱金莲花

这道菜还可以选用其他有洋葱味或胡椒味的花，如熊蒜、芝麻菜或已经开花的芥菜。

---

1. 将烤箱预热至350℉（180℃），如果是对流式烤箱（热风炉）则预热至320℉（160℃）。

2. 将鸡蛋打入碗中，加入浓奶油和海盐，轻轻搅动，直到充分混合。如果搅拌过度，会使你的煎饼在开始烘烤时过于松软。把蛋液放在冰箱里冷藏，等需要时再拿出来。

3. 在炉子上的铸铁锅中加热橄榄油。如果你没有铸铁锅，就用适用于烤箱的平底锅，多放一点儿油。多余的油应该涂抹在锅内的各面以防止煎饼粘连。保持中火，加入切好的洋葱和辣椒，留下少量的菠菜和旱金莲叶，其他材料都加进去。将食材炒软，但不要使之变成焦黄色。

4. 将可食用的花轻轻地折叠，放入蛋液中。我用了三色堇和石竹，你可以用其他花。

5. 将蛋液倒在锅中的蔬菜上，用中火烹饪。在上面撒上干酪丝，轻轻地将所有东西搅拌均匀。静置几分钟或直到你看到煎饼的边缘开始凝固。

6. 将剩余的菠菜和旱金莲撒在煎饼上面。将锅放入烤箱。烘烤15min或直到煎饼边缘略微变黄。对流式烤箱可能只需烤10min左右。

7. 将煎饼从烤箱中取出，放置几分钟，使之降温。食用前用花装饰。煎饼可以热着吃，但室温的或冷藏后的也同样美味。

薰衣草酥饼

将酥饼放在托盘上，在烘烤前使之冷却。冷却饼干中的黄油有助于其在烘烤时保持形状。

酥皮，黄油，加入甜美的花香，酥饼变得更加美味。你不会相信自制酥饼是多么容易，用薰衣草做出来的味道又是多么不可思议。虽然这是一个简单的配方，但至关重要的是使用最优质的黄油和花蕾。后者可以是干燥的，也可以是刚从花园里采摘的。

原料

薰衣草糖原料

1杯（200g）白糖

4茶匙薰衣草花蕾

制作薰衣草糖时，将白糖和薰衣草花蕾混合在一起，并把它们装在罐子里放至少一个星期。

酥饼原料

3/4杯加1汤匙（200g）咸黄油，室温

1/4杯（50g）薰衣草糖

2杯（250g）普通面粉

1汤匙（15ml）牛奶（非必需品）

一些用于装饰的薰衣草糖和薰衣草花蕾

以上是制作24块酥饼的用量。

薰衣草有一种独特的花香，加入了它的甜点会很美味。

制作酥饼

1. 用筛子将薰衣草花蕾从制作的薰衣草糖中筛出。保留薰衣草花蕾。

2. 用食品加工机器或勺子将薰衣草糖和黄油搅拌均匀，直到轻柔蓬松。我会用勺子把它们捣碎，直到它们达到合适的黏稠度。

3. 在糊状黄油中加入一杯面粉。同样，你可以用食品加工机器或勺子将之搅匀，但我个人更喜欢使用刮刀。然后再加入其余的面粉进行混合。

4. 将面团团成一个球。如果感觉面团太干，皱巴巴的，不能保持形状，可以添加牛奶。

5. 在铺有面粉的操作台上将面团擀至半英寸（1cm）厚，然后将它切成1英寸×3英寸（2.5cm×7.6cm）的长条。如果使用饼干切刀，需继续滚压剩下的面团，切更多的饼干，直到面团全部用完。

6. 将饼干放在烤盘上，在每个饼干上倒1/4茶匙（1g）薰衣草糖。轻轻地把糖在饼干表面涂抹均匀，然后将保留的薰衣草花蕾撒在上面并压紧。

7. 将饼干放入冰箱冷藏30min。在冷藏的同时，将烤箱预热至350℉（180℃），对流式烤箱需预热至320℉（160℃）。

8. 烘烤饼干20min，直到饼干呈浅金黄色。把烤好的饼干放在架子上冷却，然后储存在罐子或密封的容器中（可保存一个月）。

薰衣草有很多种类，食品配方中使用的是薰衣草（*Lavandula angustifolia*）的栽培品种，它们的花蕾比其他品种的更甜、更香，而且不含杂交品种香气中的樟脑香味。

夏香薄荷

百里香

平叶欧芹

茴香

圆叶薄荷

甜叶菊

泰国罗勒

3

可烹饪的
香草

鼠尾草

藿香

罗勒

香蜂花

迷迭香

瑞卡的花园

姓　　名：瑞卡·米斯特里（Rekha Mistry）

花园位置：英国伦敦

当地气候：夏季温和，冬季凉爽，冬季平均最低温度为35℉（1.5℃）

植物种类：各种可食用作物，包括可烹饪香草

制　　作：世界各地的美食

什么是香草？瑞卡和她的家人在30年前搬到英国时，对这一概念感到很困惑。伦敦有各种各样的美食，但引发她对这一问题思考的是传统的英国餐点和欧洲菜肴。从餐馆的菜单到超市的货架，香草酱、香草鸡和香草香料混合物似乎到处都有。在赞比亚长大并具有印度血统的瑞卡并不熟悉这些。在她年轻的时候，她只熟悉两种香草——芫荽和胡卢巴，而其他所有的味道似乎都与香料有关。

反过来，你可能会对这种情况感到惊

小块菜园地是可以租来用于种植的地方。

在新鲜沙拉、蔬菜咖喱、汤和炖菜中使用胡卢巴叶。

瑞卡在搬到英国后开始种植不同种类的香草植物。

牙，因为我们许多人认为使用和食用烹饪香草是理所当然的事情。迷迭香、罗勒和欧芹是主要香草。然而，我们是否真正了解这些香草的全部种类以及如何在日常烹饪中使用它们？我认为，提到香薄荷、蜡叶峨参或茉莉芹时，普通人就像多年前的瑞卡一样不知所措。这也使得她对香草的探究和种植香草的决心更加鼓舞人心。

瑞卡对在非洲长大的经历和母亲的厨房花园有着美好的回忆。虽然她种植作物的热情是后来才激发的，但她仍记得在花园里帮忙的时光，那是她学习之外的一个避难所。我们就那个花园里生长的东西展开了热烈的交谈。花园里种的主要是亚洲蔬菜，因为气候适合它们，而且家人喜欢吃。如果她母亲能找到种子，这些作物就会进入蔬菜区——这里到处都是辣椒、扁豆、木豆、姜和姜黄。然而，除了芫荽，你不会在那里发现任何叶类的香草。

后来瑞卡在伦敦有了新家，一座带有后院的房子。她说："我们一来到这就知道，这就是我们需要的房子。我并不是为了做园艺，而是为了'耶！让我放松一下吧'。"

她开始在后院那个小空间和屋外的花盆里种植可食用植物。她种的前三种香草是迷迭香、薰衣草和月桂。由于城市中有各种各样的餐馆，所以她能够学习香草的使用方法。百里香是牙买加烤大鸡腿必不可少的原料，而甘牛至则是瑞卡发现的泰餐中的圣罗勒的替代品。在她的文化中，圣罗勒是一种用于宗教和医学的草药，而不是用于烹饪的。

然后瑞卡发现了（城镇居民可以租来种菜的）小块菜园地，并申请了她家附近的一块地。在英国，在租来的土地上种植蔬菜的传统由来已久。当地政府拨出大面积的种植空间，称之为"Allotments"，并将其细分为独立的地块。任何人都可以自由申请，并支付年费来种植蔬菜，在许多情况下，如果他们愿意，还可以养母鸡和兔子。

上图　瑞卡和她不断增加的香草盆栽。

下图　独特的风味只有在你种植香草时才能收获。

瑞卡的小块菜园地是当地约200块小块菜园地中的一块。满怀激情的蔬菜园丁组成了一个庞大的社区，而她则是其中的一员。他们也不仅仅是个人刻板印象中的英国退休人员，尽管提到小块菜园地时很多人都这么联想。这个多样化的群体包括拥有不同国籍、文化、年龄、性别和种族的人。大家并肩作战，在世界上最国际化的城市之一的郊区为餐桌种植食物。

瑞卡很快就开始工作，着手在地里种上蔬菜和香草。她试着与一起种菜的人交换植物来寻找多年生植物，这是她知道某种植物在她的花园里长势如何的方法。在种植作物方面，她也秉持着真正的英国小块菜园地哲学——花园节俭的传统会带来成功。与其在每次需要时都买一包香草，为什么不投资可以生长数周或数年的植物？

收集香草是一种能够真正吸引人的爱好，她目前正在努力寻找欧当归、当归和独特的薄荷，同时还在寻找龙蒿，一种只能通过扦插或分根种植的植物。

我问她是否看到其他人的小块菜园地里长了很多不同寻常的作物。她说："因为种植者来自不同国家，很多人带来不同的蔬菜和香草，其中之一就是原始的胡卢巴。"胡卢巴是印度菜中使用的一种绿叶蔬菜，但其种子被视为一种香料。瑞卡还发现了第二种

胡卢巴，她只知道它干燥后的样子（Kasuri methi）。这是一种更清淡可口的植物，它的叶子具有完全不同的味道。

在大多数文化中，人们都在烹饪时使用香草，但在西方国家最有名的香草是来自地中海的香草。除了辣根、葛缕子干果和杜松子，北欧本土的香料很少。相反，欧洲北部的传统菜肴曾经依靠香草（如欧芹、薄荷和莳萝）来调味。罗马人将经典香草以及许多传统的花园蔬菜和异国香料一起带到北欧。罗马帝国灭亡后，这些食用植物在基督教修道院中保留下来，并逐渐重新"占领"了人们的花园和餐盘。

因此，迷迭香、百里香、罗勒和牛至才是我们调味品架和香草园的主角。更多时候，欧芹被放在盘子的一侧，鼠尾草被放在馅料中，薄荷被放在茶里，莳萝被放在腌菜里。而在向现代大众餐饮转变的过程中，我们要么忘记了，要么放弃了许多我们文化中原有的风味。

我们应该向瑞卡学习。当你种植蔬菜时，你有机会发现新的味道，有时也会重新发现旧的味道。研究诸如"香草"这样的通用术语，了解它们提供的独特的甜、苦、胡椒味和芳香的味道。有几十种可供探索的烹饪香草，而且许多香草会在你的花园里旺盛生长。

烹饪香草一览

当你种植可烹饪的香草时，不仅可以省钱，还可以尝试各种口味。

上图 北葱年复一年地生长出可食用的花和叶。

下图 迷迭香是一种经典的香草，可以在花盆里种植，也可以作为树篱或种在空地上，种植方式取决于品种。

上图 甜叶菊的叶子非常甜，可以作为天然甜味剂使用。

下图 常见的花园鼠尾草品种"紫叶鼠尾草（Purpurascens）"很诱人，具有其绿色"兄弟姐妹"的所有香味。

上图　春天直接播种莳萝种子，到了仲夏，它们可以长到 2~4 英尺（60~120cm）高。

中图　茉莉芹的叶子有一种令人愉快的甜茴香味，你可以用来搭配水果和沙拉。

下图　如果你把欧芹与邻近的植物隔开至少 9 英寸（22cm），它可以长得很大，而且叶子非常茂盛。

上图　清香而略带苦味的夏香薄荷可以与其他香草一起用于花束装饰。

中图　欧当归是一种不太知名的香草，其叶子有旱芹、欧芹和茴芹的味道。

下图　芫荽有可食用的叶子和种子，可作为香料使用。

种植烹饪香草

　　难怪烹饪用的香草往往是我们种植的第一种可食用植物，因为其中许多是多年生植物，可以存活多年甚至几十年。在这些植物中，有些实际上是不会枯萎的，并且很适于在容器中生长。香草可以在露台、窗台、花坛中生长，或散布在整个花园中。如果有足够的空间，其中一些植物，如迷迭香，可以长成灌木，另外，因为我们每次只需要使用少量香草，这意味着它们既可以观赏又很实用。同时，香草往往在室内生长得更好，在最小的公寓也

能种植并有所获益。

　　我是一名香草收藏家，我的花园里到处是香草。百里香、欧当归、茴香、薄荷，凡是你叫得出名字的我都有。我把它们种在花盆里、花坛里，还有你在后文会看到的螺旋式花坛（第70页）中。虽然种植它们时都有特定的土壤要求，但我发现许多香草都能在同一种土壤中并排生长，而且间距往往可以比种植指南中推荐的要近一些。它们通常是可食用花园中的"硬汉"，其坚韧程度使之更像

上图　牛至、百里香、鼠尾草、北葱和薄荷一起栽种在一个花坛里。注意，要使用下沉式花盆来约束薄荷的生长。

尔需要用的时候，可以少量采摘，或收割大把香草，晾干，以备冬天之用。

种植香草快速而廉价的方法是种植小的插穗植物。

予生植物。

我们种植食用香草是为了调味。放上一点儿这个或一枝那个，可以使平淡无奇的菜肴变得不同寻常。有些香草你可能非常熟悉，但有些的味道可能是你以前没有吃过的。我喜欢第一次品尝某种新香草的那一刻，因为不知道它会带来什么味道。

地中海香草

西方人最熟悉的香草是地中海地区的迷迭香、百里香、罗勒、牛至和鼠尾草。有些香草使用较少，但味道也不差，包括月桂、甘牛至、夏香薄荷、冬香薄荷和龙蒿。今天，我们在意大利面和比萨等咸味美食中大多使用地中海香草，在其他食谱中也可以尝试使用它们。迷迭香和柠檬能多使蛋糕更加美味，而用百里香炒的博洛蒂豆（Borlotti beans）则是西式早餐的常

规配菜。

地中海香草大多喜欢温暖的气候和阳光。它们还喜欢能自由排水的土壤，所以，如果把它们种在容器里，它们更喜欢培养土中蛭石的含量高达25%，或有其他能使培养土更透气的材料。你可以用同样的方法改善花园土壤的排水状况，即混入几袋园艺沙砾。我的土壤是黏土，所以，当我在自己的菜园里种植迷迭香和百里香时必须在土中增加园艺沙砾。

洋葱味的香草

我们很难判断洋葱、火葱和蒜属于香草还是蔬菜。然而，有一类葱类的绿色植物更倾向于香草，它们生长速度更快、也更容易种植。你一般会吃这些植物的地上绿叶部分，如北葱、葱、楼子葱、熊蒜和韭。楼子葱还有一个特点：在花序上会长

出珠芽。它们看起来像小洋葱或蒜瓣，可用压蒜器处理，然后用于烹饪。

虽然鳞茎也可以吃，但最好还是把它们留在地里。因为这样它们会再次生长，你就可以拥有吃不完的葱。这种耐寒的多年生植物在有部分日照环境中长势良好，并且喜欢肥沃的、湿润的土壤。

薄荷味的香草

如果说有一种香草需要受到密切的关注，那一定是薄荷。它们的根系就像一支地下军队，不会让任何事物阻挡它们的"统治道路"。这就是为什么我们要在花盆里种薄荷，而不是直接在土里种植。但即使这样，它们悬垂的茎也会形成根，所以一定要经常修剪。薄荷叶可以用在食品、饮品等中。

下面这些植物都具有薄荷味，包括香蜂花、美国薄荷、辣薄荷和留兰香。神香草属于不具备侵入性的薄荷类植物，味道像薰衣草味和薄荷味的结合。藿香没有薄荷味，也不具备侵入性，味道像罗勒味和甘草味的结合。

香甜的香草

值得一提的是，藿香和神香草都有一种甜味。它们和茴香一起混合，会形成不同寻常的香味——在食谱中，将薄荷味和茴香味或花香混合，两种情况都可以。例如，茴香可使鱼类菜肴很美味，但在一些蛋糕和甜点食谱中是一种特别的食材。其他甜的、有茴香味的香草包括龙蒿、当归和茉莉芹。

另一种可以种植的香草是甜叶菊。它像阿斯巴甜（甜味剂）一样甜，但不含任何能量或糖。我把它种在我的花园中有遮蔽的地方，它在花盆里长势良好。甜叶菊在温暖的地区可以作为多年生植物，它的新鲜的叶子可以用于饮料和甜点，也可以晾干做成代糖粉。

绿叶类香草

虽然它们都各具特色，但我会把各种欧芹、芫荽、峨参、莳萝和欧当归归为一类。我们使用这些植物的叶子部分，它们是在温带气候区生长良好的香草，喜欢潮湿、半背阴的环境，并且常与其他香草混合在一起种植。其中大部分在鱼肉或素菜中都很好吃，也可以切碎放在沙拉中。

还有更多不寻常的绿叶类香草可以尝试——各种类型的罗勒，包括圣罗勒和柠檬罗勒（Lemon Basil），以及紫苏、香蜂菊、香万寿菊、香辣蓼，等等。说实话，你甚至可以用香草填满一整个花园。

许多香草在阳光充足的窗台上的花盆中长势良好。

经典的地中海可烹饪香草		
植物名称	描述	可以尝试的品种
罗勒 *Ocimum basilicum*	罗勒是叶子柔嫩、喜阳光的草本植物，叶子辛辣，有时有茴香味；有许多品种、栽培品种和杂交品种；罗勒是多年生植物，但不喜欢寒冷，在32℉（0℃）时就会死亡	经典的热那亚罗勒（Genovese Basil），小叶的希腊罗勒（Greek Basil），柑橘味的柠檬罗勒（Lemon Basil）和青柠罗勒（Lime Basil），大叶的罗勒"纳波利塔诺（Napoletano）"，辣椒香味的泰国罗勒（Thai Basil），以及非洲蓝罗勒（African Blue Basil）
北葱 *Allium schoenoprasum*	北葱是多年生草本植物，长有圆柱形的叶子和可食用的花，花的味道像洋葱；最低耐受温度为-40℉（-40℃）	北葱、韭、硬皮葱、齿丝山韭和同类的薤头
芫荽 *Coriandrum sativum*	芫荽是一年生多叶绿色草本植物，用于亚洲和中美洲的菜肴中。根据你种植植株的情况，它可以有柑橘味、欧芹味或肥皂味	也有与芫荽味道类似的香草，如刺芹、香蝶菊和香辣蓼
薄荷 *Mentha* spp.	薄荷是生长缓慢的多年生植物，叶芳香；最低耐受温度为-40℉（-40℃）	圆叶薄荷（厨师的最爱）、辣薄荷、留兰香（在温暖气候区生长最好）、草莓薄荷（Strawberry Mint）、香蕉薄荷（Banana Mint）
欧芹 *Petroselinum crispum*	欧芹是芳香的二年生植物，叶子味道清新，有泥土味；最低耐受温度为-4℉（-20℃）	有卷叶欧芹和更受欢迎的平叶欧芹；不仅适合作为餐点的装饰，在开胃菜和沙拉等中也很美味
迷迭香 *Rosmarinus officinalis*	迷迭香是常绿多年生灌木，可生长到3~8英尺（1~2.5m）高，具体情况取决于品种；在夏天，生有芳香的针状叶子和蓝色小花；最低耐受温度为0℉（-17℃）	"托斯卡纳蓝（Tuscan Blue）"是一种既美味又有吸引力的品种，"阿普（Arp）"是一种耐寒品种，"蓝男孩（Blue Boy）"适合种在花盆中，"杰索普小姐的正直（Miss Jessopp's Upright）"适合做树篱
撒尔维亚（鼠尾草） *Salvia officinalis*	撒尔维亚是茂密的常绿矮灌木，有天鹅绒般的叶子，可长到3英尺（1m）高，既高又宽；芳香的叶子可以用于油腻的肉菜或意大利面；最低耐受温度为5℉（-15℃）	撒尔维亚、紫叶鼠尾草、鼠尾草"巴格达（Berggarten）"（一种紧凑的品种，生有圆形的叶子）、黄斑鼠尾草（有斑驳的绿色和黄绿色的叶子）
香薄荷 *Satureja* spp.	香薄荷是具有令人愉快的芳香味道的多叶香草，常与豆类、肉类和卷心菜一起使用；夏香薄荷与冬香薄荷都通过播种种植，成熟时平均株高约为12英寸（30cm）；冬香薄荷的最低耐受温度为10℉（-12℃）	夏香薄荷是一种一年生的辛辣芳香的香草；冬香薄荷是一种多年生植物，味道更浓郁
百里香 *Thymus* spp.	百里香是木本常绿矮灌木，叶小，可长至1.5英尺（50cm）高；叶子和花可用在肉类、豆类和火锅风格的菜肴中；大多数品种的最低耐受温度为-20℉（-28℃）	推荐普通百里香，更甜、更香的法国百里香（French Thyme），葛缕子百里香（Caraway Thyme），柠檬百里香和柑橘百里香；百里香的可烹饪品种屈指可数，但栽培品种很多

自制螺旋式花坛

这个螺旋式花坛中种植着十几种不同的香草。

种植烹饪香草最好的方法之一是在螺旋式花坛中种植多年生香草。当它在位于你家附近阳光充足的地方时，它会自己形成一个小气候区，让你在同一空间内能够种植不同的香草。螺旋式花坛通常由砖块或石头制成，从地面蜿蜒而上，形成一个小的螺旋形的土丘。在顶部种植喜欢阳光和干燥环境的香草，在底部种植喜欢潮湿土壤和稍有阴影环境的植物。白天，太阳也会加热螺旋式花坛，这种白天积攒的能量会在夜间释放出来。

材料

约125块标准尺寸的砖

园艺土或表层土

堆肥

覆盖物

香草

1. 找到适合建造你的螺旋式花坛的最佳地点。它应该处于阳光充足的位置，如果条件允许，地面还应该是平坦的。如果你准备在一个斜坡上建造花坛，在开始之前应先把地面弄平整。

2. 如果地面上没有杂草和其他草类，你可以在土上直接开始建造；如果有，那就先在地上铺上硬纸板，盖住所有地上生长着的植物。

3. 螺旋式花坛最好是直径为5~6.5英尺（1.5~2m），高23~40英寸（60~100cm）。如果你生活在炎热的气候区，请确保你的螺旋式花坛有足够的高度，这样它会投下更多的阴影。如果你在北半球，螺旋式花坛的最低端应该在北侧，如果你在南半球，最低端应该在南侧，这样可以保证此处能够有更多的阴凉和水分。

4. 使用砖块或粉末来大概地"绘制"一个设计图，确保种植区域至少宽12英寸（30cm）。

5. 当你对布局感到满意时，再开始构建。在设计好的位置上放一层砖。然后，从起始端略过1.5或2.5块砖的位置开始，将第二层砖堆叠到底。不断重复操作，直到用完你准备的材料。记得要交错放置砖块，这样会使结构更加坚固。我的螺旋式花坛最低点有一块砖，在中心最高处有7块砖，但我垒砖的方式与你的做法可能有些不同。

建造螺旋式花坛的基础轮廓，然后使用更多的砖块搭建完成。

堆叠和调整砖块，直到你对花坛满意。

在这个螺旋式花坛中，顶部种植了百里香、茴香和鼠尾草，向下种植了洋甘菊、香薄荷、甜叶菊和欧芹。

6. 当你对花坛感到满意的时候，用1：1的土和肥料填充花坛。我在我的花园里用过园艺土和马粪做的肥料，但你也可以用园艺肥料、腐叶土或其他类型的分解有机物来帮助增加土壤的保水能力。填充物会巩固花坛结构。

7. 当你将花坛里的土填充到离砖块顶部几英寸（约5cm）位置时，就可以开始平整土壤了。你需要打造一个从上到下螺旋式的缓坡。然后添加一层覆物。它可以是从纯园艺堆肥到稻草的任何东西，但应该有1~2英寸（2.5~5cm）厚。覆盖物能够保持水分并且抑制杂草生长；如果你使用的是堆肥，它也会给土壤和植物根部提供养分。

8. 给螺旋式花坛浇水，然后在不同的小气候区中种植香草：顶部是地中海香草，如百里香和迷迭香；底部是纤弱的香草，如罗勒和欧芹。如果你使用的是堆肥覆盖物，直接将它们种植到堆肥覆盖物中，并给每一株植物留下生长所需的空间。定期给花坛浇水，尤其是在干旱时期。每年在花坛中添加一层堆肥。

> 避免种植薄荷、荆芥（猫薄荷）或香蜂花，因为它们会挤占其他香草的生长空间并很快取代它们。

香草油

沙拉、奶酪和意大利面淋上含有新鲜香草和香料味道的油会非常美味。或者在香草油中混合一点香醋，作为面包蘸料也很棒。根据你的使用方法，你可以在几分钟内就准备好香草油，它非常适合为你的家庭菜单增添风味或者作为手工礼物赠送。

虽然它们看起来非常容易制作，但如何以特定的方式混合和储存至关重要。肉毒中毒是由肉毒梭菌（*Clostridium botulinum*）引起的，这是一种常见的土壤细菌，存在于许多新鲜的香草和蔬菜中。在一般情况下，并不会产生任何问题，但是当细菌在无氧环境中生长时，它们就会产生毒素。

不过，不要让它阻碍你制作香草油。你可以通过使用干燥的香草，在浸入油后将之立即冷冻，或在使用前将新鲜香草酸化来避免肉毒梭菌感染。

热浸渍法

适用于地中海香草、柠檬草、蒜，以及种子、香料和干燥香草。为了能够在室温下储存这种油，你的香草应该是干燥的或酸化过的。

原料

| 1品脱（500ml）轻质橄榄油
| 1汤匙（5g）柠檬酸
| 1杯烹饪香草
| 1/3杯（50g）蒜（非必需品）

从左到右为百里香和柠檬皮油，迷迭香和蒜油，以及罗勒油。

1. 将柠檬酸与两杯温水混合制成溶液，让其冷却至室温。用冷水冲洗食材，然后将蒜浸入1杯（235ml）柠檬酸溶液，1杯香草要浸泡在1⅓杯（315ml）溶液中。压低溶液中的材料并放置24h。第二天，将其沥干水分并拍干。

2. 接下来，把油加热到150℉（65℃）。注意，不要过热——我发现最好的方法是将油倒在浅盘子中在烤箱中加热，把它拿出来后放在隔热垫上。

3. 在盘子中加入大约一杯香草，以及任何你喜欢的额外配料。用油覆盖材料，如果不能腌制一周或者更长时间，那就至少腌制两天。定期品尝，当味道足够浓郁时，从油中滤出材料，并将油装在干净的容器中。一旦油位下降，瓶子里的新鲜香草就会发霉，所以如果你想装饰，还是用干香草吧。

4. 在室温下储存这种混合油，并在一年内使用，或在轻质橄榄油的最佳使用日期之前使用。

使用热浸渍法制作可在室温下储存的香草油。

冷冻混合油以延长其保质期。

混合法

适用于新鲜绿叶香草，如罗勒、北葱、薄荷、欧芹和芫荽。

原料

1品脱（500ml）轻质橄榄油

1杯烹饪香草

1. 将轻质橄榄油放在食品加工机中，与香草混合。

2. 用筛子过滤，将滤出的油装瓶，然后冷藏。在一周内使用。

3. 或者，将油冷冻成块，这样能保存一年。

建议组合使用的香草

- 迷迭香和蒜
- 百里香和柠檬皮
- 北葱和罗勒
- 茴香和辣薄荷
- 姜、辣椒和柠檬草
- 月桂叶和胡椒

三薄荷莫吉托

没有什么比清爽的鸡尾酒更能代表阳光下的夏天了，莫吉托是大多数人都了解的鸡尾酒。它充满了青柠的味道，清甜又可口。但当你作为一名种植作物的园艺师看到它的食谱时，会发现其中的一种成分——薄荷，其品种是有些不明确的。这是因为薄荷属中有多达24种公认的品种，以及超过400种杂交种和栽培品种。那么你应该使用哪一种呢？

你在超市里看到的薄荷通常是辣薄荷或薄荷，但在你的花园里，情况就不一样了。你可以种草莓薄荷、花叶凤梨薄荷、巧克力薄荷、香蕉薄荷、柑橘薄荷（Orange Mint）等。你可以使用任何单一类型或组合，配制出你自己的独特的莫吉托。

上图　薄荷有数百种，它们中的许多种你都可以在烹饪时和饮料中使用。

原料

2汤匙（30ml）新鲜青柠汁

2勺（9g）砂糖

6枝薄荷

3汤匙（40ml）白朗姆酒（非必需品）

苏打水

冰

额外的用于装饰的薄荷和柠檬（非必需品）

薄荷具有侵入性，所以最好是在花盆中种植。因为许多品种可以杂交，你还应该避免将不同的品种紧密地种植在一起或种在同一个花盆中。如果它们形成了种子并生长，后代可能会有让人分不清味道的低质量口味。

1. 将青柠汁和砂糖一起倒入玻璃杯。柯林斯杯是最传统的选择，但不是必选的。

2. 加入薄荷。在这里，我用了圆叶薄荷、巧克力薄荷和我最喜欢的草莓薄荷各两枝。不过，你可以使用任何品种的薄荷来制作，不要让我的选择限制了你。一枝薄荷相当于3~8片叶子，因为薄荷叶的大小可能不同，所以要确保你有相同数量的叶子。

3. 轻轻地搅动薄荷。我们的目的是弄碎薄荷叶，而不是粉碎或撕裂它们，所以我用木制擀面杖的末端轻轻地压碎它们。

4. 在杯子里装满冰块，然后倒入白朗姆酒，加上苏打水。如果你愿意，可以装饰一下。最后放入吸管，端上桌。

用草莓薄荷、圆叶薄荷和巧克力薄荷让自制的莫吉托风味更佳。

香草意大利面

从左边开始　依次使用了蓝莓泥和藿香、鼠尾草叶、甜菜泥和百里香叶、红菜椒泥和欧芹叶、欧芹汁。

简单地用香草制作意大利面，颜色和图案是重点。

这个想法将香草和意大利面的结合提到了一个全新的高度。你不是用香草酱来做意大利面，而是用香草来调味和装饰意大利面。想象一下，牛至叶压在千层面上，欧芹泥让扁面条呈现出鲜艳的绿色，每根意大利面条上都点缀着百里香。

我创造的这个意大利面食谱可以让你用一个美丽而特别的方式使用新鲜的香草。用任何香草或蔬菜泥代替水，并用香草油使面条风味更加丰富。最后的点睛之笔是将香草嫩叶直接嵌到面皮当中。

虽然用意大利面机做要容易得多，但你也可以使用擀面杖。

原料

2杯（300g）通用面粉，外加工作台面

½茶匙（3g）海盐

2个大鸡蛋（100g）

¼杯（60ml）水

1汤匙（15ml）橄榄油，纯橄榄油或混合了香草的皆可

你选择的新鲜香草

1. 把面粉和盐放在碗里，用打蛋器混合均匀。在面粉中间挖一个洞，倒入鸡蛋、油和水，将之搅拌均匀，然后用手把面粉与之混合。一直搅拌，直到所有的原料都混合在一起。

2. 将面团揉成球状，在撒了面粉的工作台面上开始揉面。面团需要揉大约5min，或者直到面团变得光滑。将面团重新揉成球状，然后用保鲜膜包起来，在室温下静置30min。

将整片叶子压入面皮的一侧，然后将另一侧对折过来。

3. 擀面。先用刀把面团分成四块。取出一块，将其他三块放在一边。把这块面团揉成小球，撒上一些面粉，然后用擀面杖压平。

4. 把意大利面机调整到最宽的开口，放入面团。面皮被挤出后将之对折，再放入意大利面机。在面团的两面都撒上面粉，防止面团粘连。将调节旋钮向下移动一个凹槽，再次放入面团，面皮被挤出后将之折叠并再次放入机器。重复此操作，直到面团通过最小的开口。

5. 将薄面皮铺在撒有面粉的工作台面上，其中的一半用香草叶轻轻覆盖。香草叶可以是整片叶子、切碎的叶子或者两者的混合物。因为太多香草叶会导致意大利面变软并破裂，所以需确保在香草叶之间留出足够的空间。

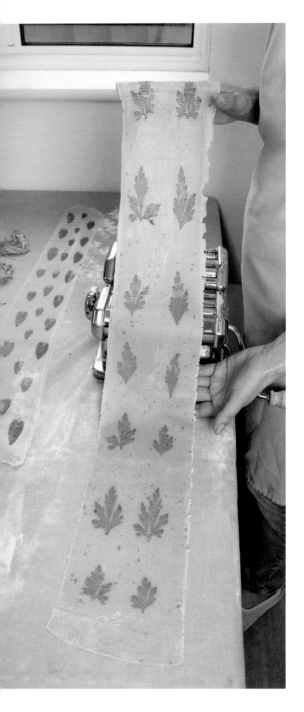

6. 将意大利面皮什么都没有的一半折叠在有香草叶的一半上面，用手压一下。撒上面粉，然后把面皮最后一次放进压面机里。

7. 你可以把这张面皮切成薄片，做千层面，也可以把它切成面条。如果你的香草很好或者很嫩，你可以随意使用机器切割面皮。若用的是香草全叶或厚叶香草，最好使用锋利的刀切面条。你可以将面团撒面粉，折起来，切成条状。然后再将每一条展开。

8. 烹饪前，让意大利面至少干燥30min。最简单的方法是把它们摊在撒了面粉的工作台面上，但你也可以把它们挂起来。

9. 烹饪时，在锅中放入大约4L水，烧开之后加入意大利面。煮2~3min，直到面有嚼劲。食用时配上简单的调味油即可。它可以让面条的味道更好，最大限度地突出这道菜的美味。

要制作彩色的香草意面，可以用果汁或果泥代替本食谱的全部或部分的水。想要红色和粉色调用甜菜，想要黄色调用胡萝卜，想要橙色调用红菜椒或番茄酱，想要蓝灰色调用蓝莓，想要绿色调用香草或菠菜。一些浸泡过香草的橄榄油也可以给面团增加颜色。如果你的面团感觉很硬，每次加一茶匙（5ml）水，直到面团达到可用的黏稠度。

用整片叶子的时候，把意大利面皮切成宽面条或千层面。每片叶子周围都要有面，否则煮的时候面条可能会碎。

接木骨

芦荟

美容

百里香

药葵

薰衣草

4

护肤植物

蔷薇

车前

羽衣草

金盏花

洋甘菊

丹耶的花园

姓　　名：丹耶·安德森（Tanya Anderson）

花园位置：英国马恩岛

当地气候：夏天温和而而潮湿，冬季平均最低温度为36℉（2℃）

植物种类：护肤香草和可食植物

制　　作：天然肥皂、沐浴露、面霜和软膏

打造一个花园可以有很多种原因，而我是为了个人护理。种植植物可以让我享受当下，而作为回报，最后植物都会有不错的收成：自己种植的本土可食作物、美丽的花卉，以及用于护肤和美容的香草。不过，如果只是单纯地为了生产些什么，那我就不会去做园艺了。园艺时光是能够享受土壤、植物的甜美气味，风声、蜜蜂振翅声和鸟鸣声的宁静时刻。我喜欢照顾植物，看着它们生长、成熟，这也是园艺的一部分。

在搬到马恩岛之前，我的生活与现在完全不同。那是一种城市生活，在大部分时间里，我没有花园，甚至对园艺也完全没有

下图　在这片土地上，我种植了药葵、薰衣草、金盏花和许多其他用于皮肤护理的香草。

我种植"慷慨的园丁（The Generous Gardener）"品种的蔷薇是为了护肤、烹饪，以及欣赏它较长的花期，还有收获可以用来泡茶的果实。

在香草和花卉新鲜的时候进行收获，并在采摘的当天进行加工。

兴趣。我一直承受着很大的压力，而唯一能使我缓解压力的是，我发现了我对植物的热爱。突然间，我等不及要过周末了，因为在周末我就有时间在户外工作了。

我在美国的一个小岛上长大，食品园艺、农场动物是我童年生活的一部分。我们在家里的时候享受过一段那样的生活，但印象最深的是在祖父母家度过的日子。在那儿有许多愉快的回忆，比如摘覆盆子、收集鸡蛋，还有晚上在后门廊上看鹿。

也许是这些记忆给了我很大的启发，但我认为热爱植物是一种与生俱来的东西。前些年的一项研究表明，住在绿色、自然环境中的女性比那些不住在该环境的女性寿命长

12%[注]。这当中涉及很多影响因素，无论是更好的食物，更少的压力，还是与大自然的联系。但有一点是非常明确的，健康的生活就是绿色的生活。

在搬过来之前，我从来没有到过马恩岛。有些人可能认为我的做法很大胆，但事实是，我迫不及待地想离开当时的那座城市。那时，虽然我已经开始在花盆和一个小花园中种植植物，但我早已经准备好更进一步了。最后，是缘分把我带到了这里，在过去的多年里，这个岛已经不仅仅是我的一个家了。也是在这里，我发现个人护理是园艺的一个重要方面——我可以在花园里种植为护肤和美容提供材料的植物。

⊖　Peter James，Jaime E. Hart，Rachel F. and Francine Laden，"Exposure to Greenness and Mortality in a Nationwide Prospective Cohort Study of Women," Environmental Health Perspectives 124，no.9，September 1，2016，https://doi.org/10.1289/ehp.1510363.

上图　丹耶·安德森是"可爱的植物"（Lovely Greens）网站的作者和创始人。

上页图　你可以用自己种植的植物制作乳液、面霜、肥皂和沐浴产品。

在到达马恩岛后的几周内，我在一个地方租了一块地，开始自学如何制作肥皂。第二年，我参加了养蜂课程，并养殖了我的第一批蜜蜂。你可以想象，房子里开始充满了蜂蜜、蜂蜡、肥皂和自己种植的作物。在我看来，它们之间的联系是自然存在的，这也是我为什么开始研究种植植物来护肤。

我们很多人都知道芦荟凝胶可以帮助治疗晒伤。不过，你也可以用它来做日常的舒缓皮肤护理。如果你知道这一点，你也就会了解到有些植物可以使你的皮肤变得光滑、紧致甚至细腻。我们倾向于将植物的萃取物视为预先包装好的成品，但事实是，你可以在家里的厨房中将洋甘菊、蔷薇、薰衣草甚至更多的植物转化为高端护肤品。

还有蜂蜡和蜂蜜，它们都对皮肤有很好的作用。蜂蜜是一种天然的保湿剂，这意味着它可以从空气中吸收水分。蜂蜡能在你的皮肤上形成一个屏障，在软膏、乳液、面霜和香脂膏中使用它将有助于使皮肤锁住水分。许多护肤植物也是通过蜜蜂传粉的植物。我意识到，通过养蜂，我创造了一个连接大自然、我的花园和个人健康的自然系统。这对我来说是一个顿悟的时刻。

种植护肤植物的另一个好处是你可以享受创造的乐趣。许多植物对初学者来说非常安全，而且操作起来也很简单。在本部分中，你将看到如何制作香草浴球，以及如何使用一种罕见的植物将手工皂染成紫色。发现植物隐性功能并利用它们，是非常有意思的。

护肤植物一览

下面是我在花园里种植的一些护肤植物。

上图 可将温和的金盏花精华添加到面霜、沐浴露和手工皂中。

下图 洋甘菊是一种舒缓皮肤的植物，对敏感和发炎的皮肤很有用。

上图 芦荟凝胶不仅可以缓解晒伤，而且是一种温和的收敛剂，有助于使皮肤紧致。

下图 薰衣草油有助于镇静受刺激的皮肤，加速愈合。

上图　黄瓜肉可以为皮肤补水降温，减少浮肿。

中图　用百里香酊剂来对抗痤疮。

下图　羽衣草叶中含有天然的紧致肌肤的鞣质。

上图　蔷薇精华清爽且有轻微的收敛性，因此非常
　　　适合用作爽肤水。

中图　辣薄荷精华能够镇静皮肤，并可用于清除
　　　痘痘。

下图　药葵根含有天然的黏液，可为护肤品添加舒
　　　缓的滑爽效果。

种植护肤植物

如果你仔细察看商业护肤品的标签，你一定会发现植物成分。它们是从植物的果实、种子中榨取的液体油，或者是从花和叶子中蒸馏出的精油，甚至还有更多加工过的植物成分，如乳化剂和防腐剂。植物在护肤品中无处不在，但自己种植和使用它们还是有点儿陌生的。

一个好的开始是了解我们为什么要护肤，以及植物对我们有什么作用。我们的

皮肤是我们最大的器官，尽管它可以保护我们免受周边环境的伤害，但它也十分脆弱，很容易被穿透。这意味着，无论空气中的物质是好是坏，它都能吸收。这就是我们在皮肤上贴戒烟贴剂和涂抹药物的原理。同时也意味着，如果我们的护肤品中有任何有毒或致敏物质，它也可能穿过我们的皮肤。

绿色美容指避免使用有问题的成分，

上图　许多护肤香草和花卉会在室外花坛中一起生长。

金盏花花瓣精华可以使皮肤再生和愈合。

芦荟叶的凝胶可以舒缓发炎的皮肤，对痤疮也有效。

并利用那些对皮肤有益的成分。我们在皮肤上涂抹乳液、精华液和面膜可不仅仅是为了让我们感觉良好。每种成分都有其用途，植物提取物在其中发挥着重要的作用。它们可以是润肤剂、清洁剂、补水剂、清凉剂、爽肤剂和镇静剂。有些甚至含有好闻的气味、治疗效果或促进皮肤健康的维生素。

尽管制作精油需要大量的香草，但制作简单的植物提取物就不需要那么多了。这意味着一小块植物就足够个人使用。我还发现，许多植物对土壤的类型并不那么挑剔，只要排水性好，并且含有足够的水分并能接收充足的阳光就可以。这意味着你可以将这种植物种植到你现在的花园

中，或者将它们一起种植在花坛里。

几乎所有人都能种植的植物是芦荟。我家里就种了几盆，如果你生活的地区气候温暖，它们在室外就能长得很大。你只需要一片叶子就可以缓解晒伤，或者提取凝胶来舒缓皮肤。

虽然我在家里的花园里种了一些护肤植物，但大部分护肤植物都是在小块菜园地上种的。在那里，你会发现两个薰衣草树篱，一片香堇菜，角落里的药葵，洋甘菊、百里香和金盏花都种在花坛上，蔷薇缠绕在我用来存放手工工具的邮箱上。周围还有那些对皮肤有益的野生植物，比如：繁缕、车前、蓍和接骨木。

空间是一个重要的影响因素。尽管有

很多护肤植物可以种在花盆中，但有些，如弗吉尼亚金缕梅等，则需要较大的生长空间。不过，没有足够的空间也不用担心，可以种一些适合小花盆的植物。如果我只能推荐一种，那就是有治愈能力的金盏花了，它非常好种植。

洋甘菊是一种温和的能促进皮肤愈合的草本植物，对长湿疹的皮肤很有用。

护肤植物及其使用方法		
植物名称	简介	护肤功效
芦荟 Aloe vera	芦荟是多年生常绿植物，在室外种植时的最低耐受温度为45℉（7℃），在室内盆栽中全年生长良好；它需要充足的阳光、有遮蔽的地方和排水良好的土壤	叶子的汁液或凝胶具有降温、舒缓和收敛作用，并能刺激细胞修复。剥一片叶子，把里面的凝胶打成泥状，可以直接用或按配方使用。冷藏后可保存一周
金盏花 Calendula officinalis	金盏花是茂密的植物，花色为黄色至亮橙色，高23~30英寸（60~75cm）；在大多数气候区为一年生植物；最好的护肤品种是"露西娜（Resina）"和"埃尔福特橙（Erfurter Orangefarbige）"	用金盏花制成的植物油、植物浸液或用其花朵制成的甘油剂可刺激细胞修复，具有保湿作用，可用于抗皮肤衰老配方
洋甘菊 Matricaria chamomilla Chamaemelum nobile	洋甘菊是茂密的一年生植物，1~2英尺（30~60cm）高，花朵呈小雏菊状；你可以使用母菊（Matricaria chamomilla）或果香菊（Chamaemelum nobile）进行皮肤护理。但母菊的产量更高	用洋甘菊制成的植物油、植物浸液、精油或甘油剂可以舒缓皮肤，促进皮肤修复
黄瓜 Cucumis sativus	黄瓜是匍匐生长或攀缘生长的一年生植物，在温度不低于50℉（10℃）的温暖夏季的户外生长最好	黄瓜片、果泥或汁液具有舒缓皮肤、收缩毛孔和补水的功效；可用于清洁配方或护肤配方
紫松果菊 Echinacea purpurea	紫松果菊是多年生植物，最低耐受温度为5℉（-15℃）。植株高度可超过3英尺（100cm），花朵为雏菊般的粉红色花，花心有黄褐色的圆锥体结构	用根制成的酊剂或甘油剂有利于治疗痤疮和愈合皮肤
羽衣草 Alchemilla vulgaris	羽衣草是多年生的丛生地被植物，有天鹅绒般的扇形叶片；最低耐受温度为-40℉（-40℃）	用羽衣草制成的浸液、甘油剂或酊剂具有舒缓皮肤、收缩毛孔和清洁皮肤的作用

植物名称	简介	护肤功效
薰衣草 *Lavandula angustifolia* *Lavandula × intermedia*	薰衣草是茂密的常绿多年生植物，有带香味的银绿色叶子和紫色花朵，最低耐受温度为5℉（-15℃）；"格罗索（Grosso）"是产薰衣草油最多的品种，但它是一种薰衣草变种，气味中含有樟脑昧；"纯"薰衣草品种有薰衣草"孟斯泰德（Munstead）"和"希德寇特（Hidcote）"	用花蕾制成的香草油、香草浸液、酊剂、甘油剂或精油可以刺激细胞修复，抗菌，镇静皮肤
药葵 *Althaea officinalis*	药葵是高大的多年生植物，叶软而绿，夏季开淡粉色花。植株高4~6英尺（1~2m），喜欢全日照到半日照，最低耐受温度为-40℉（-40℃）	酊剂或根浸于水中制成的冷浸液可以对皮肤起到降温、补水、保护的作用；它的黏液还可以用于顺滑和增稠配方
辣薄荷 *Mentha × piperita*	辣薄荷是多叶的多年生植物，12~35英寸（30~60cm）高，如果没有花盆的限制，会蔓延生长；最低耐受温度是-40℉（-40℃）	用叶子制成的香草油、香草浸液、甘油剂、酊剂或精油有清凉、清洁、抗菌和抗粉刺的作用
蔷薇 *Rosa* spp.	蔷薇是多年生灌木和攀缘植物，叶绿，茎多刺，花香；最低耐受温度是-4℉（-20℃）；最适合皮肤护理的蔷薇有百叶蔷薇、突厥蔷薇和用于制作玫瑰果油的香叶蔷薇或山蔷薇	由花瓣制作而成的浸液、甘油剂、酊剂可以舒缓皮肤、补水、温和收缩毛孔、抗痤疮
迷迭香 *Rosmarinus officinalis*	迷迭香是多年生常绿灌木，根据品种不同，可长到3~8英尺（1~2.4m）高；夏天生出芳香的针叶，开蓝色小花；最低耐受温度是0℉（-17℃）	用叶子制成的香草油、浸液、酊剂或精油有抗痤疮、抗真菌、收缩毛孔、清洁皮肤的作用，可用于抗皮肤衰老的配方
茶 *Camellia sinensis*	茶是常绿的多年生灌木或小乔木，有绿色的椭圆形或长矛形叶子；最低耐受温度为14℉（-10℃）；茶有数百个品种，生长环境与其他山茶属植物的相似	用新鲜或干燥的叶子制成的浸液或酊剂可用于爽肤水和抗皮肤衰老的配方
普通百里香 *Thymus vulgaris*	普通百里香是矮而茂密的多年生灌木，在夏天生有芳香的绿色叶子和小的粉红色或白色花朵；最低耐受温度是5℉（-15℃）	由叶子制成的香草油、浸液、酊剂或甘油剂可用于抗痤疮、收缩毛孔和清洁皮肤
香堇菜 *Viola odorata*	香堇菜是常绿毡状地被植物，在冬末至早春生有心形叶子和芳香的紫色花；最低耐受温度是-4℉（-20℃）	由富含黏液的叶子和花制成的香草油、浸液或甘油剂有舒缓皮肤、补水和清洁皮肤的作用
弗吉尼亚金缕梅 *Hamamelis virginiana*	一种落叶灌木或小乔木，夏季有绿色卵形叶子，冬季开鲜黄色至红色的花；植株高13~26英尺（4~8m），最低耐受温度是-4℉（-20℃）	用树皮制成的汤有收缩毛孔、消炎、清洁皮肤的作用；传统的金缕梅酊剂是由蒸馏弗吉尼亚金缕梅所得提取物与酒精混合而成的

制作植物提取物

在某些情况下，我们会为了变美而直接在皮肤上使用植物切片，比如将黄瓜片敷在眼睛上以减少皮肤水肿。然而，大多数情况下，我们首先将植物的有益成分浓缩到蒸馏水、油、甘油、醋、酒精或蒸汽中，然后在美容配方中使用这些成分。这些自制的植物提取物与精油或水溶胶不一样，但它们确实结合了花园里植物的基础成分的特性。

采摘与烘干

在大多数情况下，一定要在植物的巅峰状态和上午的晚些时候采摘植物。这意味着能够采摘新鲜绿叶、刚刚完全开放的花朵，以及饱满的根部。

下一步很可能是烘干植物，因为既要保存好植物，也要使植物在制作油类和无水产品时能安全使用。鲜花和香草中最少量的水分也会导致产品发霉。干花瓣在手工皂、浴盐和浴球中看起来会很美。

你应该在采摘后迅速地晾干植物，以保留它们的颜色、气味和特性。我最喜欢的方法是使用食物脱水器，这是可靠的方式，非常适合在凉爽多雨的气候区使用。我把植物材料铺在托盘上，把脱水器的温度调到100℉（40℃），然后烘烤，直到

上图　提取植物中对皮肤有益的成分，将之与油、乙醇或甘油混合。

金盏花需要完整烘干，因为它们的树脂分布在整个花头。

花或叶子完全干燥。如果你的植物原料是干净的、刚采摘的，没有必要清洗它。不过，请确保里面没有昆虫。在脱水器中烘干一批植物需要3~10h，这取决于植物的大小。

另一种干燥植物材料的方法是把它们捆成捆，悬挂在温暖干燥的房间里，但要避免阳光直射。这种方法对薰衣草很有效，薰衣草需要大约一周的时间才能完全干燥。在温暖的棚子或温室里可以相对较快地晾干它们，但最好是让植物远离阳光直射。植物干燥后，有一年的保质期。

制作香草油

香草油是护肤品中最多功能的成分之一。你可以在皮肤上按摩香草油，直接让皮肤吸收，或将之添加在美容配方中使用。它们很容易制作，你所需要做的就是将干燥的植物材料浸泡在基底油中。在这一过程的最后，你会得到一种混合的油，它可能有淡淡的颜色或气味，包含来自植物的脂溶性成分，包括脂肪酸、脂质、类固醇和三萜类化合物。

制作香草油需要将干燥的植物材料填充至罐子容量的一半，比如金盏花，然后用轻质的基底油填充剩下的空间，比如甜

在家里制作压榨油、精油和水溶胶是可能的，但更复杂。通过蒸馏或冷榨方法从植物中提取挥发性油来制作它们，需要相当数量的植物材料和特殊设备。如果你有很多植物材料可以使用，这值得一试。

经过过滤后，香草油有长达一年的保质期，它可以直接用在皮肤上或在护肤配方中使用。

杏仁油、杏仁油或葡萄籽油。在没有阳光直射的温暖地方浸泡2~6周（如果房间有窗户，一定要把罐子放在纸袋里，以遮挡紫外线）。用筛子和（或）粗棉布过滤，成品可用于制作按摩油、软膏、乳液、面霜、精华液和洁面乳。

浸于水中

有些植物化学物质是可溶于水的，包括鞣质和多糖。前者有助于紧致皮肤，具有收敛性。后者是一种滑的物质，可以产生顺滑感，使面霜和乳液变稠。羽衣草含有大量的鞣质，所以可以用来制作浸液，用在紧肤乳液或爽肤水中。药葵根的黏液含量很高，将其浸泡在冷蒸馏水中一夜，就会得到一种用于面霜和乳液的滑液体。

制作香草浸液需要倒入三杯滚烫的蒸馏水加一盎司（28g）干燥的植物材料，或者两倍于此量的新鲜植物材料。浸泡至少20min，过滤后的液体可用来制作乳液、面霜、爽肤水、面膜、漱口水和洗面奶。有些植物，浸泡几个小时后会产生有益物质。

香草浸液适合由纤弱的植物材料制作；硬或厚的原料，如树皮和根，适合煮汤。将植物材料浸泡在等量的蒸馏水中，放置一夜。在早上，将混合液煮沸后再小火煮半小时，然后过滤，就可以得到有用的液体。可以用这种方法将弗吉尼亚金缕梅树皮制作成有收敛皮肤作用的爽肤水。

更多的植物提取物

制作香草油和香草浸液是制作天然皮肤护理产品的良好开端。你也可以使用其他类型的溶剂提取植物的有益物质。酊剂，如洋甘菊酊剂，可以单独使用，也可以与水混合制成爽肤水；可以用香草醋代替护发素来软化头发，特别是如果你有用"无硅油"洗发水洗头发的习惯；浸了香草的蜂蜜不仅美味，在乳液和面霜中也是滋养皮肤的成分。甘油剂是另一种将植物成分注入基础成分的方式，我们将在后文中介绍制作方法。

蔷薇花喷雾

每天在皮肤上喷洒这种蔷薇香味的喷雾。

蔷薇精华可以用作花草茶、爽肤水或美容配方成分。

保湿、镇静、柔美、芳香——这些都是蔷薇能给你的皮肤带来的好处。蔷薇已经被种植并使用数千年了，蔷薇精华在几乎任何产品——从敏感皮肤用的面霜到香水——中都很有效。

在这个配方中，你需要用蔷薇花瓣制作浸液和甘油剂，然后把它们混合，制作出含有蔷薇香味的面部喷雾。喷雾可以舒缓皮肤或缓解紧张——蔷薇的气味本身就可以缓解压力、让人镇定。

你可以在护肤品中使用常见的蔷薇，但最好的是突厥蔷薇、百叶蔷薇和药用法国蔷薇。它们都有强烈的香味，可用于芳香疗法。野蔷薇，如香叶蔷薇，是蔷薇籽油的来源。

原料

制作蔷薇甘油
蔷薇花瓣

蔬菜甘油

蒸馏水

制作面部喷雾
1/2杯新鲜蔷薇花瓣或1/4杯干蔷薇花瓣

一杯（355ml）蒸馏水

一茶匙（5g）蔷薇甘油

两滴蔷薇精油（非必需品）

工具

» 有盖的平底锅

» 有盖的罐子

» 细网筛

» 喷雾器或小喷雾瓶

蔷薇精油主要有两种：奥图蔷薇精油（Rose Otto）和蔷薇净油（Rose Absolute）。奥图蔷薇精油是用蒸汽蒸馏法从蔷薇中提取出来的，它的蔷薇气味比用溶剂提取的蔷薇净油要淡。

用细网筛将蔷薇花瓣从甘油中分离出来。

蔷薇甘油

　　甘油需要时间制作，所以在你计划制作面部喷雾时，至少需要两周时间准备。

　　1. 如果使用的是新鲜的蔷薇花瓣，在一个小罐子里装满其容积2/3的花瓣，然后倒入蔬菜甘油到距离罐子口0.25英寸（0.5cm）的位置。

　　如果用的是干蔷薇花瓣，在罐子里装入其容积一半的花瓣后，加入甘油直到装满罐子的3/4。加蒸馏水至距离罐子口0.25英寸（0.5cm）的地方。

　　2. 密封罐子，将之放置于室温下黑暗的地方，每天翻转罐子一次。

　　3. 2~4周后，过滤出甘油中的花瓣，然后将甘油倒回罐中。它呈现透明状态或粉红色，可以保存长达一年的时间。蔷薇甘油不仅能用于皮肤护理，而且可食用，带有甜味，你可以舀一勺来改善情绪或使饮料变甜。

面部喷雾

　　1. 将蒸馏水加热至滚烫，然后加入蔷薇花瓣。关火，盖上锅盖，静置20min。

　　2. 用细网筛将液体过滤到碗中。丢弃蔷薇花瓣，让液体冷却到室温。

　　3. 将甘油和精油加入液体，搅拌均匀，然后倒入小喷雾瓶或喷雾器。后者可喷出细密、均匀的雾。

　　4. 你可以即时使用在脸上和身体上。每次使用时，一定要用力摇晃，因为里面的东西会自然分层。要在一个月内用完。

香草浴球

香草泡泡浴，一闪一闪的芳香疗法。

如果一杯花草茶能舒缓身心，那么一次花草浴就是疲惫的身体所需要的。当你把一个浴球放入温水时，它会迅速发出嘶嘶声，并将里面的香草油释放出来。浴球很容易制作，不过，你也可以定制。在配方中，我使用了薰衣草和辣薄荷，但你也可以使用迷迭香、金盏花、洋甘菊、百里香和许多其他护肤香草及花朵。

原料

2杯（500g）小苏打

1杯（230g）柠檬酸

1/4杯（70g）泻盐

1汤匙（15ml）薰衣草和辣薄荷香草精油（见下文）

15滴薰衣草精油

15滴辣薄荷精油

1/2茶匙（0.25g）干薄荷或香蜂花叶

金缕梅酊剂

提取香草油

1/4杯（59ml）甜杏仁油，或你选择的其他轻质油

1汤匙（2g）干香草，薰衣草花蕾和辣薄荷

以上是根据模具，制作3~5个浴球的用量。

工具

» 细网筛

» 搅拌碗

» 浴球模具

» 喷雾瓶

» 乳胶手套或其他防护手套

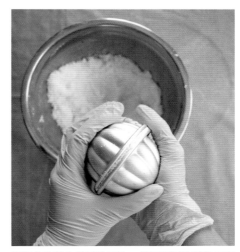

包澡时在水中滴入香草精油，待你出浴后，它会薄薄地覆盖在你的皮肤上。

把混合物装入模具的两边，然后把两边紧紧压在一起。

制作香草油

1. 把干香草放在一个小罐子里，倒入甜杏仁油。把罐子封起来，摇一摇，放在温暖的地方，避免阳光直射，放置三周。每隔几天轻轻摇动一下罐子。

2. 从罐子里倒出一汤匙香草油。

制作浴球

1. 把小苏打和柠檬酸筛到一个大碗里，加入泻盐，在所有材料上淋上香草油和精油。用你的手把它们充分搅拌。

2. 在碗中加入干薄荷或香蜂花叶，使之混合在一起。

3. 将金缕梅酊剂放入喷雾瓶，向碗中混合物喷几次。将碗中的材料用手充分混合，然后再喷几次金缕梅酊剂。每次只需一点儿，直到你捏出一把，它能保持形状而不碎裂。

4. 快速地将混合物填入模具的一个半球并压实，然后在上面继续添加，但不压实。重

复这个过程，当模具的两个半球都填满后，把它们紧紧压在一起，保持几秒钟。

5. 轻轻地扯下模具的一侧，让浴球滑到柔软的表面上，比如覆盖了保鲜膜的浴巾。重复这个操作制作其他浴球，然后静置一天使其干燥、变硬。

6. 将浴球储存在密封容器中，可保存6个月。每次洗澡用一个。注意，其中的油可能会使你的浴缸有点儿滑。

> 你也可以用硅胶纸杯蛋糕托盘作为模具。把混合物牢牢地压进模具里，让它在里面静置一整天直至变硬。

薰衣草和紫朱草香皂

在这个天然皂配方中，你将使用两种不可思议的植物。薰衣草（*Lavandula angustifolia*）大家很熟悉，你的花园里很可能已经有了。另一种是一种古老的植物，有多达几十个名字，非常神秘。

紫朱草（散沫草，*Alkanna tinctoria*）是一种野生植物，通常被用作羊毛、木材、食品、葡萄酒和化妆品的天然红色或紫色染料。如今，它比以前用得少了，并且它在南欧的原生栖息地变得越来越少。现在它在中东和巴尔干半岛的部分地区已被商业种植，但除了几个信誉良好的经销商，很难从他处获得种子或植物。

在地上，紫朱草是一种矮生的不起眼的植物，叶子多毛，花朵很小。它的独特之处在于其深红色的根部和高含量的脂溶性紫草素（Alkannin）。将它的根干燥后放入油中，制作出的香皂会呈现出自然着色的柔和的紫色和淡紫色。这个方法将为你的香皂提供淡淡薰衣草色调——与芬芳的薰衣草花和精油非常搭。

在我们开始之前，需要提醒大家，从零开始制作香皂既有趣又有创意，但过程包含化学反应，因此不要用其他原料代替这里列出的原料，要按照给出的剂量操作。此外，合适的衣服和防护装备也很重要。

原料

紫朱草根橄榄油
9盎司（255g）浅色橄榄油
2汤匙（4g）干的紫朱草根

薰衣草橄榄油
2汤匙（28g）浅色橄榄油
1汤匙干薰衣草花蕾

碱液
2.26盎司（64g）氢氧化钠
4.52盎司（128g）蒸馏水，装在耐热罐中

添加配料
4.76盎司（135g）精炼椰子油
1.94盎司（55g）精炼乳木果油
1.06盎司（30g）蓖麻油
1汤匙（13g）薰衣草精油
薰衣草花穗

以上是一盒454g冷加工香皂——8块含有5%油脂和33.3%水的香皂的用量。

工具

» 不锈钢小平底锅
» 橡胶铲
» 细网筛
» 浸入式搅拌机
» 数字温度计
» 电子秤
» 耐热罐
» 面包形香皂模具或空牛奶盒
» 刀
» 乳胶手套或其他防护手套
» 护目镜

紫朱草是我们使用的最稀有的染料植物之一，对其的获取和种植都具有挑战性。

在手工皂制作中，混合物变黏稠被称为乳化（Trace）。

将皂液倒入面包形模具，用毛巾将模具包裹好，以确保它保持温暖并逐渐显色。

1. 先要同时制作紫朱草根橄榄油和薰衣草橄榄油。将每种材料分别放入不同的罐子，再将罐子放在温暖的地方并避免阳光直射，密封保存2~4周。定期摇一摇罐子，时间一到，从罐子中滤出油。

2. 布置工作台，准备好工具，将其他原料预先倒入容器待用。穿长袖和不露趾的鞋。戴上防护手套和护目镜。

3. 在处理氢氧化钠时要非常小心，切勿徒手触碰。在通风良好的地方混合氢氧化钠和水，最好在室外。将氢氧化钠晶体倒入蒸馏水中，用橡胶铲搅拌，注意，不要吸入其产生的蒸汽。当水面稍微下降时，将罐子放在冷水中冷却。我倾向于在水槽中注入一英寸（2.5cm）深的水，然后将罐子放在其中冷却。

4. 将椰子油和乳木果油放入锅中，用小火使其融化。一旦它们融化了，就把平底锅从热源上移开。

5. 接下来，向锅中加入蓖麻油和7.76盎司（220g）的紫朱草根橄榄油。测量油温，需要达到110~115℉（43~46℃）。碱液的温度应与油的相同或温差小于12℃。

在开始之前，布置好你的工作台并预先备好材料。

6. 当温度合适时，将碱液倒入锅中。确保你戴上了护目镜。然后将浸入式搅拌器浸入锅中。先别开启，只用其像用勺子一样轻轻搅拌。然后把浸入式搅拌器放在锅中央，双手用力将之压下去，启动几秒钟，把搅拌器关了，再次像用勺子一样用它搅拌。重复这两步操作，直到混合物"乳化"。它应该像清淡的布丁。在这一步，你可能会看到混合物变成灰色、绿色或暗灰色，这是正常现象。

7. 这一步需要快速操作，因为混合物会在锅中继续变稠。滴入薰衣草精油和1汤匙（14g）薰衣草橄榄油并搅匀，然后将混合物倒入模具。我喜欢使用硅胶模具，但你也可以使用其他类型的容器作为模具，比如饮料盒。

8. 思考你将如何将香皂切片，并根据切片方式装饰上薰衣草花穗。

9. 用毛巾把模具包起来以保持温度，然后把它放在温暖的房间里48h。毛巾会给香皂增加一点儿额外的热量，从而使最终的颜色更加鲜艳。

10. 48h后，将香皂从模具中取出，切成条状，让其固化。将香皂铺在烘焙纸上，放在阴凉、通风的地方，并避免阳光直射。在那里放置4个星期，使其完成皂化，并在使用前干燥。最后成品将是完全自然柔和的紫色皂条，带有薰衣草的香味。制作好的香皂请在一年内使用完，或在您使用的成分的最佳使用日期内使用。

纯橄榄油浸泡紫朱草根前后的状态。

由于植株与种子来源等因素，你可以相对容易地找到干燥后的紫朱草根，可以尝试与化妆品原料供应商或亚洲食品供应商联系。紫朱草根在传统上被用来给印度菜上色。

青蒿

肥皂草

家庭和
手作

菊蒿

芳香天竺葵

5

须苞石竹

家用香草

车轴草

柑橘类

古龙水薄荷

迷迭香

凹脉鼠尾草

阿什莉的花园

姓　　名： 阿什莉·托马斯
（Ashlie Thomas）

花园位置： 美国北卡罗来纳州

当地气候： 夏季温暖，冬季凉爽，冬季平均最低温度为31℉（–0.5℃）

植物种类： 可食用的作物，有多种用途的香草，有利于传粉的花卉

制　　作： 自制果酱、家用清洁剂和皮肤护理用品

从零开始建造一个新的花园和决定种植什么是新园艺师问得最多的两个方面。你可以通过搜索查到很多书、文章和视频来获得答案，但仍然会有数不清的问题。我向你介绍的多位园艺师都有多年甚至几十年的经验。但阿什莉的不同之处在于，截至2020年，她自己种植家庭花园才两年。她所取得的成就及她建造花园的经验，直接帮助了那些新手园艺师。她的故事表明，如果你用

阿什莉选择在花坛中种植物，以避开恶劣的土壤环境。

阿什莉的小屋是她娱乐和创作的地方。

泰勒和阿什莉将花园视为"伙伴",并共同致力于建筑项目和可食作物种植。

学习、观察并付诸行动,你就可以取得成就。

想象自己在美国北卡罗来纳州的皮埃蒙特地区,你面前有一块1/4英亩(约1011.71m²)的空草地,附近是你的家,你还有一个建立花园的迫切想法。那么要从哪里开始呢?阿什莉很聪明,她先调查了土壤——把铁锹放在地上,感受土壤的质地,看看哪些植物早已经在此生长了。

虽然我们大多数人都可以很清楚将土壤分类,但阿什莉的土壤更独特一些。她的土是一种混合着碎花岗岩和石英的厚的红色黏土,非常肥沃;但如果不保持湿润,它就会干成一层无法穿透的硬壳。由于下面是一层几乎没什么空隙的黏土,排水成为问题:雨水只是在土壤表面积聚,这也使得她的花园中的一部分就像是沼泽。

选择花坛是显而易见的事。它们可以改善排水,而且阿什莉可以选择花坛里面土的种类。所以她的丈夫泰勒(Tyler)在几天内为她造了9个花坛,每一个都有1~2英尺

(30~61cm)高,风格与他们中世纪风格的家很相似。他们用混合了当地表土的堆肥填满了花坛,并设计了花园的布局,使水能从花坛中流出。

泰勒在建造花坛时,阿什莉做了她的功课。她考虑了她想种什么,研究了哪些作物在他们的地区长势良好,并且制订了一个园艺计划。2019年,种植在花坛里的番茄、秋葵、南瓜、黄瓜、辣椒、豆类、绿叶蔬菜等都丰收了。阿什莉学到了重要的一课,土壤的pH值和当地气候决定了你能种什么。她说:"我学会了如何与我所处的环境和谐相处——在我们国家的西部、北部或南部腹地适合种植的作物,可能不适合我的花园。"

虽然阿什莉取得了成功,但她一直在与鹿、日本金龟子(Popillia japonica)和无数影响她作物的害虫做斗争。在户外工作,你就是在它们的世界里工作,驱逐野生动物并用自然的方式治理虫害,可能比使用杀虫剂更成功。本着这种精神,阿什莉在花坛上套了一圈网,并用印棟油自制驱虫喷雾。

番茄、辣椒、秋葵和香草丰收了。

阿什莉和泰勒都来自以种植可食作物为一种生活方式的家庭。直到今天，泰勒的父母都有一个大农场，阿什莉的祖父母在南卡罗来纳州有一个令人印象深刻的菜园。虽然她不是园艺专家，但童年从花园里采摘新鲜蔬菜，然后烹饪和食用的经历给她留下了深刻印象。仅仅是了解可食作物如何生长以及它们的味道，就是很多孩子现在都无法体验到的。

阿什莉和泰勒居住的小城市既不像农村也不像城市，但它反映了该地区许多类似城市的状况——快餐连锁店遍布，低收入工人为养家糊口而苦苦挣扎。当决定花3美元（约20元人民币）到底是买汉堡还是一颗菜蓟时，结果是显而易见的。人们优先考虑的是以尽可能低的成本让孩子们吃饱，而不是考虑营养。这里的几代人都是这样长大的，对许多人来说，农场里的新鲜食品已经成为遥远的记忆。

这是低收入地区食品系统面临的挑战。有些孩子和父母从来没有吃过新鲜的菠菜、卷心菜、西葫芦或菜蓟。他们吃过的最接近新鲜沙拉的食物可能是汉堡上的结球生菜。当你不知道某样东西的味道如何，也不知道该如何烹饪时，为什么还要买它呢？如果没有需求，新鲜农产品的价格就会居高不下。

阿什莉热衷于种植可食作物，帮助其他人解决食品不安全的问题。

阿什莉的爱好之一是向她的社区展示健康食品的优点。她是一个组织的志愿者，该组织通过开发废弃社区和将空地改造成微型农场来创造就业机会和保障食品安全。有些社区离最近的超市20英里（约32km），那里的居民对新鲜食品几乎一无所知——更不用说从菜园里采摘的味道要好得多的新鲜蔬菜了。

在成长过程中，我们学习了关于土壤、作物、烹饪及健康饮食的知识，这使我们长大后能够重视食物。如果没有人向我们展示如何做及其重要性，我们可能无法获得这些知识，那么我们的社区就可能会面临食品不安全的情况。种植家庭花园，并与那些不太了解的人分享她的经验，是阿什莉解决方案的一部分。她说："我希望通过我的花园向别人展示，无论你在哪里，无论你的经验、水平如何，自己种植都是可行的。"

家用香草一览

在住宅附近种植花园意味着：在厨房里，在洗衣和清洁时使用植物都变得更加方便。

上图　迷迭香具有抗菌特性，可用于家庭清洁产品中。

下图　灌木状的青蒿的叶子在干燥后仍保留着樟脑气味，可用于防虫香包中。

上图　樟脑含量高的薰衣草品种，如窄叶薰衣草"雪绒花（Edelweiss）"，最适合驱虫。

下图　干燥的车轴草，能释放清新气味并具有驱虫效果。

上图　古龙水薄荷不用于食品，但在百花香（由干燥的花瓣和香料等混合而成）和香包中闻起来令人难以置信。

下图　凹脉鼠尾草可以用于茶饮，但你也可以在花束和百花香中使用它带有果香的叶子。

上图　艾草最有名的是它在苦艾酒中的应用，但它也被用于杀虫剂和驱虫剂。

下图　用几束菊蒿就能把苍蝇和蚊虫赶出屋子。

种植家庭花园

许多人都选择在家周围的土地上种植观赏植物——大片的草坪、修剪过的树篱和花卉，更别说我们了。然而，越来越多的人认为，可以把草坪换成高产的花园，且他们对在家中种植可食用植物产生了兴趣。后院和前院都可以种植，窗台、露台和阳台也可以。

我有两个花园，其中一个是租来的，离我家不远，短距离驾驶即可到达。在英国和欧洲其他地方，人们通常没有太多的室外空间来种植花园。在我的花园里，我种植马铃薯、无核小果（如草莓）植物、耐寒的多年生草本植物，以及需要足够的时间和空间才能长大的植物。我每隔几天去一次，我不在的时候则用地膜和网来将它们保护起来。

上图　这个阳台花园表明，为了家庭生活和身心健康，任何空间都能够种植植物。
下页图　植物可以用来清洁、驱赶昆虫，并且给家里增添香味。

香豌豆花有浓郁的香味，非常适合用于制作花束。

将床单晾晒在盛开的薰衣草上，能让床单散发自然的香味。

将花束、百花香、清洁剂和香包放在儿童和宠物够不到的地方，因为如果他们误食一些植物和花卉，会中毒。如果你有猫，千万不要把百合带回家，因为百合植株和花粉对猫都是致命的。

家里的花园就不一样了，因为就在厨房门外，我每天都能看到并且照顾它。在家里的花园，我种了制作沙拉用的蔬菜、烹饪使用的菜及很多花。因为豌豆摘下来几分钟后就被煮熟了，它吃起来会更甜。如果你能密切注意浇水和驱虫，生菜的味道会更好。我还可以保证，如果手边就有香草，你肯定也会频繁地使用它们。

种植家庭花园的方法

种植家庭花园最传统的方法是直接在地上种植。你可以清理出一整块草坪，种植成排的蔬菜和粮食作物。这就是我祖母的花园的样子，她用篱笆保护它免受鹿和兔子的伤害。其他方法有在地面上建造单独的花坛，每个花坛周围都有草或木制小路，以及升高花坛（如果你的花园土壤贫瘠或有其他不利之处）。

如果你没有太多户外空间，你可以使用花盆、花架和种植箱。我把这三种都用在了我的露台上，包括两个垂直的花架。在面积小的区域用花架可以种很多植物——一次可以种植20多棵生菜和香草。与其他花盆一起使用时，它们可以让我们整个夏天都能吃到沙拉蔬菜。

让我们考虑一下更小的空间。一个住在公寓里的朋友也是园艺迷，她住在一个狭小的城市公寓里，但她种植的东西会让你大吃一惊：番茄、黄瓜、菜椒和从花盆里溢出来的鲜花。这表明，你几乎可以把任何户外空间变成一个种植可食用植物的乐园。如果你的居住面积比她的还要小，

用来做芬芳花束的植物	
植物名称	描述
凹脉鼠尾草 *Salvia microphylla*	它的叶子带有浓郁的黑茶藨子浆果香味；它是常绿多年生植物，春夏开花；最低耐受温度为23℉（−5℃）
巧克力秋英 *Cosmos atrosanguineus*	天鹅绒般的花朵散发出香草巧克力的香味；这种多年生植物在夏季到秋季开花，最低耐受温度为33℉（1℃）；块茎可以挖出，用于繁殖
古龙水薄荷 *Mentha × piperita* f. *citrata*	它是古龙香水的原始香味来源；它是多年生植物，香味浓郁的叶子，可以驱赶一些昆虫；常用于干燥的香包；最低耐受温度为−40℉（−40℃），春季至初秋有叶
风信子 *Hyacinthus orientalis*	它是多年生球根植物，在春天开出紫色、粉色和白色的花朵；醉人的花香中带有一点儿草本气息；最低耐受温度为23℉（−5℃）
欧丁香 *Syringa vulgaris*	欧丁香是多年生灌木，晚春开花，开紫色、粉色或白色花朵，有香甜而浓郁的花香；最低耐受温度为−4℉（−20℃）
月季 *Rosa* spp.	月季的香味因品种而异，如麝香味、没药味、果香味、古老月季香味和茶香味；月季是多年生植物，花可以从春天开到秋天；最低耐受温度为−4℉（−20℃）
芳香天竺葵 *Pelargonium* spp. (scented leaf group)	芳香天竺葵的叶子比花更香，根据品种的不同，你可以闻到柑橘味、玫瑰味、辛辣味、薄荷味或木香味；它们是多年生植物，最低耐受温度为41℃（5℃）
香豌豆 *Lathyrus odoratus*	它是一年生攀缘植物，花朵闻起来像橙花和草本香气混合的味道；许多品种都喜欢温和的气候，在村舍花园中最受欢迎
须苞石竹 *Dianthus barbatus*	它是二年生或短期多年生植物，生有芳香的花簇，带有辛辣的味道；最低耐受温度为−40℉（−40℃）

使用窗槛花箱和打造室内花园也是不错的选择。

园艺行业已经注意到，在我们居住的地方，生产性的种植空间正在受到挤占，所以现在有更多的产品和植物适合用于小花园。它们包括在花盆中长势良好的矮果树和紧凑型蔬菜，甚至在同一植株上同时生长番茄和马铃薯的嫁接植物。

用这些不同的方式来创造属于你的小型家庭花园吧。另外，如果有足够的空间，可以考虑种植鲜为人知的品种。请寻找适合你的小空间培养的可食品种，或者对家庭生活和身心健康有用的植物。你的家庭花园可以是休闲和展示艺术的地方，也可以是种植可食作物和探索乐趣的地方。

正如前文所述，有用的植物不仅仅包括主要蔬菜，它们还可以是为食物增添颜色和味道的。还有一种植物我们也可以种植和使用，它们对家庭生活很有用：可以增加香味和提供美感的植物，其中还有一些有助于保持清洁。

种植扦插花园

谁不喜欢一束鲜花呢？我们买鲜花给所爱之人，通常是将它作为一个惊喜或为了让他高兴，或作为给自己的礼物。但可悲的是，绝大多数鲜切花都被杀虫剂浸泡过，并且不是你想闻的那种玫瑰香（如果普通的玫瑰花束有气味）。幸运的是，用自己种植的植物进行扦插是一个解决方案。许多植物都适合种于家庭花园，特别是较小的或攀缘的品种。

在所有鲜切花中，香豌豆是我最喜欢的，也是最推荐的一种。它是攀缘植物，但在地面和容器中也长势良好。最重要的是，你摘得越多，它们开的花越多，这意味着你可以在几个月内拥有香味甜美的花束。我喜欢在我的床头柜上放一束花，因为醒来时闻到那种香味，我会不由自主地微笑。

叶子也能散发气味。芳香天竺葵有花，但它的叶子发出的香味更浓。我还建议使用古龙水薄荷或凹脉鼠尾草的叶子，它们香味扑鼻，并且用它们可以制作出有独特香味的花束。还有许多其他花朵和叶子也闻起来很香，并且插花本身就是一种艺术。

家里的植物

我们都喜欢家里和衣服干净整洁，而且闻起来很香。难怪家庭清洁和香水行业会这么庞大。很多人的橱柜里都有香薰蜡烛、空气清新剂、纺织品喷雾剂、表面清洁剂和洗涤剂。我们也有充分的理由让我们的家保持整洁——干净的房子会减少让我们生病的细菌和害虫。然而，现实情况是，许多常规的清洁剂含有刺激皮肤、引起过敏反应或伤害水生生物的成分。

选择无刺激性和环保的产品确实会有所帮助，但你也可以制作自己的家庭清洁剂。为家庭清洁种植植物可以追溯到使用瓶装家庭清洁剂之前，那时我们使用更简

干燥后的车轴草有新鲜的干草气味，非常适合做香包。

单的物质来清洁，并且其中一些至今仍然出现在工业制品中（例如，玻璃清洁剂中的醋）。你也可以使用手工制作的固体或液体肥皂，还可以种植一些植物来给家里、日用纺织品增加香味并防止昆虫进入。

我从未想过植物在家里会有多么多么大的作用，直到我和克雷格尼什（Cregneash）的首席园丁卡伦·格里菲思（Karen Griffiths）聊过。克雷格尼什是英国马恩岛上一个19世纪风格的民俗村庄，也是一座"活的"博物馆。大多数游览的人几乎将所有的时间都花在当地的道路和小径上，端详着茅草屋，盯着当地的四角绵羊。当他们散步时，他们的目光越过屋顶望向大海和山丘，却错过了村庄最迷人的景色之一——花园。

每间小屋都有一个花园，里面生长着家庭和社区的命脉——用于治疗、清洁和染色等的香草，用来装饰村庄教堂的

家用植物	
植物名称	描述
柑橘类水果	柑橘类水果的果皮富含挥发性香油，可以防虫、清洁表面、防止干燥的盘子出现斑点，还能增加香味。这些水果包括柠檬、橙子、橘子、葡萄柚、酸橙等。它们是娇弱的多年生灌木，在严寒中不能生存
德国鸢尾"佛罗伦萨" *Iris germanica* var. *florentina*	晒干后粉末状的鸢尾根有一种浓郁的香堇菜的气味，用于固定手工皂和百花香的气味；最低耐受温度为-4℉（-20℃）
薰衣草 *Lavandula angustifolia* *Lavandula × intermedia*	薰衣草鲜花和精油被作家庭清洁的天然消毒剂；它有一种极好的香味，能够与其他香味很好地融合；可将其加入香包，或浸入油或醋以用于清洁和抛光产品中；驱虫防蛀最佳的是樟脑含量高的品种；任何窄叶薰衣草的栽培种都是理想品种。它们是多年生植物，最低耐受温度为5℉（-15℃）
迷迭香 *Rosmarinus officinalis*	迷迭香叶子上有芳香的油，闻起来有草药味，令人愉悦，可以驱除包括跳蚤在内的昆虫；可将之加入香包，或浸入油或醋以用于清洁和抛光产品中。它是多年生植物，最低耐受温度为0℉（-17℃）
肥皂草 *Saponaria officinalis*	这种生命力旺盛的多叶植物的所有部分都含有天然皂苷，你可以用它来制作基础款液体肥皂；它是多年生植物，最低耐受温度为-20℉（-28℃）
青蒿 *Artemisia caruifolia*	使用这种类型的青蒿叶可以制作驱虫剂和清洁剂；也可把它烘干，扎成束挂起来或装在香包里；它的气味宜人，并且有柑橘味；它是多年生植物，最低耐受温度为-4℉（-20℃）
车轴草 *Galium odoratum*	车轴草叶子干燥后会释放一种类似干草的甜味，可用在香包或百花香中，还可以防止衣蛾和其他昆虫；它是多年生植物，最低耐受温度为-30℉（-34℃）
菊蒿 *Tanacetum vulgare*	菊蒿叶有一种强烈的气味，就像混合了迷迭香和樟脑的胡椒味；新鲜和干燥的叶子成束悬挂或用在香包中，可以驱赶昆虫，尤其是苍蝇；你也可以在清洁剂中使用菊蒿；它是多年生植物，最低耐受温度为-40℉（-40℃）

鲜花，以及无法被田里种植的粮食取代的可食作物。它们是一座座"活的"小博物馆，每翻开一片草皮，一些种子就会暴露出来，并且其中的一些会开始发芽生长。

尽管今天花园里生长的许多植物都是现代的植物，但也有一些是属于过去的。艾草是用来酿造苦艾酒和杀虫的，还有用来把布染成黄色的淡黄木樨草，以及大量种植的菊蒿。

菊蒿有强大的驱虫功能，克雷格尼什的工作人员注意到，在门口挂一束菊蒿，在驱赶苍蝇方面惊人地有效。若与青蒿和肥皂草混合在一起，就能制成一种很好的地板清洁剂。在大锅中倒入半锅青蒿、肥皂草和菊蒿的混合树叶，然后在锅中加水，用文火慢炖15min，之后过滤掉叶子，并在混合液中加一点儿醋，就可以用它来拖地了。

装满干薰衣草的香包以给织物增香和防衣蛾（Clothes Moth）而闻名。如果你想要驱虫效果更强的香包，那就用菊蒿吧。不过，不要只使用菊蒿，因为还有很多其他的干香草可以塞进香包里。然后将香包和衣服放在一起就可以了。我最喜欢的一种香草是车轴草，它通常是花园中光线较暗区域的地被植物。它新鲜的时候几乎没有气味，但在晾干以后，会有惊人的香草香混合新鲜干草气味的甜美香气。

升高花坛（Raised Bed）

如果你需要在条件不好的土地上或斜坡上进行种植，那么在升高花坛中种植是一个很好的解决方案。

升高花坛不仅能让植物快速生长，还能让你在贫瘠的土地上种植植物。它也非常适用于解决诸如在斜坡上种植或植物与树根争夺土壤养分等问题。我在家里的花园用它解决这两种问题，不过我的升高花坛还能保证收成。

把升高花坛想象成一个巨大的可以创造一个更高的种植空间的花盆。因为它比花盆大，你可以在里面种植更多的植物，

同时你也可以种植需要比标准花盆更多空间的植物。在我的花园里，我会种植高大的作物，如豌豆，也会种植深根蔬菜，如胡萝卜。在一个构造良好的升高花坛中，没有什么是你不能种的，但这也就带来了花坛尺寸、填充物、建材、选址和结构的问题。

升高花坛有各种形状和尺寸，你可以通过不同的设计使园艺变得更容易。你可

以把它们建造出完美的高度，从轮椅上或者无须弯腰就能够到。即便不了解的园丁也会发现升高花坛更容易找到正确的种植方法并且进行园艺工作。

如果你的花园有肥沃的土壤，升高花坛不需要很高，它可以低至6英寸（15cm）。然而，升高花坛的标准高度为1~2英尺（30~60cm），这对大多数植物的根来说绰绰有余。另一件需要考虑的事情是，确保你不用爬进去就能够到升高花坛的中央。这意味着花坛宽度最好为3~4英尺（90~125cm）。长度由你决定，但床越长，绕到另一边需要走的路就越长。

使用等量土壤和堆肥制成的混合物作为升高花坛的填充物。堆肥可以是农家肥、绿色废物或类似的东西。因为它可以提供营养以及巩固升高花坛的结构，所以非常重要。千万不要只用土来填充升高花坛，因为它会变得坚硬、干燥，不会长出健康的作物。同时，我也非常建议在上方添加1~2英寸（2.5~5cm）厚的适合你所在气候区使用的覆盖物。我用的是园艺堆肥，但稻草也是一种很好的材料。覆盖物可以抑制杂草生长，更重要的是，它有助于锁住土壤水分。升高花坛土壤比向下挖土而建的花坛土壤干得快得多。

建造升高花坛最令人困惑的问题之一是选择正确的建筑材料。如果你希望它们能够使用很多年，并且在食品应用方面足够安全，那么你可以使用砖块、专用塑料、镀锌钢和许多其他食品安全材料来建造。然而，成本也是一个考虑因素，这就是许多人选择用木材建造的原因。

未经处理的耐腐硬木是非常理想的。雪松可以使用20年，未经处理的松木可以使用5~10年（雪松和松是两个属的品种）。对于我的升高花坛，我选择了经过压力处理的云杉，这种材料被批准用于有机蔬菜园。

材料

4块木板，72英寸（183cm）长

4块木板，44英寸（112cm）长

4根木桩，横截面尺寸为2英寸×2英寸（5.1cm×5.1cm），长度比木板宽度少1英寸（2.5cm）

16根3英寸（7.6cm）长的镀锌钢螺钉

纸板或绿化用无纺布

9.9立方英尺（280L）园艺土

13.4立方英尺（380L）堆肥

工具

» 锯

» 无绳式钻孔机

» 护目镜

你选择的木板应该是1~2英寸（2.5~5cm）厚，适合长期使用的。我在这里用的是5.5英寸（14cm）宽的木板，当两个叠在一起时，就形成了近1英尺（30cm）高的升高花坛的围墙。

标准类型的花坛是正方形或长方形的，但你可以根据自己的想法来设计。可以随意地把它们做成圆形或几何形的，但一定要始终确保你能从外面够到每个花坛的中心。

将木板和木桩切割成一定长度，开始建造一个升高花坛。

使用木桩和螺钉将长度相等的两块木板相连。

1. 在开始之前，确保你的着装适合这个场合。头发要向后扎起来，且你应该穿不露趾的鞋以及结实的衣服，这样可以保护你的皮肤，并且也可以保证你不会被任何工具夹住。

2. 在你计划放置升高花坛的地方附近操作。在理想情况下，它应该在充足的阳光下，远离树木的水平地面上。如果在斜坡上操作，你可以先把土地修成梯田状，或者使用更长的木桩，这样你就可以把它们嵌进地面以保持升高花坛稳定。

3. 木板通常是长木板。使用优质锯将其切割成合适的尺寸。

4. 先组装升高花坛的短边。将两块短木板放在地面上，从每一端测量木板的厚度。用螺钉将一根木桩固定在两块木板上。先钻一个小的导向孔，这样螺钉就可以很容易地钻进去，而不会劈开木板。在另一端也重复此过程。你会得两块相连的较短的木板（用木桩从两端稍微向内的位置固定在一起）。木桩比木板短一英寸（2.5cm），这样当花坛填满时，它们就可以被遮盖起来。

5. 重复第4步以制造花坛的另一侧短边。

从内侧拧入能够将螺钉的末端隐藏起来，人们就看不见了。

制作这个花坛需要一个小时，还需要三十分钟来种植和浇水。

6. 将一个短边直立起来，并将一块长木板与之对齐，用螺钉固定。螺钉钻过内部的木桩，钻进长木板。将第二块长木板用相同的做法与其相连。现在你已经完成了花坛的一个角，一个短边和一个长边。

7. 以相同的方法连接第二个长边。

8. 装上最后一个短边。

9. 将框架放在你想要安置花坛的位置。在底部铺上硬纸板。如果靠近树木，则铺上厚厚的、根穿不透的薄膜。如果需要考虑地下的啮齿动物，则需先铺上细目的镀锌钢网。

10. 将园艺土和等量的堆肥填入花坛。将它们充分混合，然后将剩余的堆肥铺在上面。给花坛浇水，如果土壤水平面整体下沉，可以再加一些堆肥。最后，你可以立即开始在里面种植物了。

迷迭香和柑橘厨房喷雾剂

先用醋浸泡柑橘类果皮和迷迭香。你也可以使用其他木本香草，如薰衣草和百里香。

厨房喷雾剂应该具备的基本要素：清洁和消毒功能，即使喷在马上就要使用的食物操作台上也是安全的。商业厨房喷雾剂在这方面效果显著，但你也可以用醋、柑橘类果皮和香草制作家庭版厨房喷雾剂。它的制作方法很简单，且在去除油脂和病菌以及保持台面清洁方面都很有效。如果你制作这种喷雾剂，需要注意的是，虽然它可以杀死一些病原体，但它不能有效消灭新型冠状病毒（COVID-19）。

这个配方使用迷迭香枝和柑橘类果皮，将它们浸泡在稀释的乙酸（醋）中。虽然迷迭香在很多气候条件下都能生长，但种植柑橘类植物对一些人来说可能是个挑战。如果你没有自家种植的柑橘类植物也不用担心，只需从商店购买水果，再削皮即可。

柑橘类果皮和迷迭香叶中的精油有助于对厨房表面进行清洁和消毒。

如果你住在温带地区，你可以在大花盆或专业堆肥中种植柑橘类植物。我有一株15年的四季橘（*Citrus × microcarpa*），夏天放在外面，冬天则放在室内。

原料

蒸馏白醋

柑橘类果皮

新鲜迷迭香

蒸馏水

柑橘类精油（非必需品）

工具

大玻璃罐

细网筛

喷雾瓶

1. 在罐子里装其容积1/2或3/4的柑橘类果皮和迷迭香。果皮可以是一种柑橘类水果的，也可以是多种混合的。

2. 把醋倒在果皮和迷迭香上，确保将其完全浸没。如果有些果皮或迷迭香浮起来了，可以用重物，哪怕是一块干净的石块，把它们压下去，不需要花哨、好看。

3. 把罐子放在阴凉处，避免阳光直射，放置3周。你会注意到，醋几乎立即变成黄色。放置的时间越长，效果越好。

4. 将醋过滤，去除果皮和迷迭香。如果你愿意，可以用新鲜的果皮和迷迭香再次进行浸泡，这样可以使清洁剂变得更好闻，并增强抗菌性。当然，你也可以只浸泡一次就使用，这取决于你。

5. 将一部分浸泡过的醋和一部分蒸馏水混合。如果你想让香味更像柑橘味，可以加几滴柑橘类精油。我强烈建议添加酸橙精油。把混合液体倒入喷雾瓶，你就可以马上使用它了。当你使用它时，你可能会闻到醋的味道，但醋的气味会很快消散。

6. 将剩余的醋放在黑暗的地方可存放3个月。你也可以用它制作天然木制家具抛光剂，下一页有具体介绍。

天然木制家具抛光剂

使用这种无毒的喷雾剂来清洁和抛光木制家具。

木质家具需要特别的养护，以保持它们的最佳状态：包括定期除尘和擦拭，有时每年要进行几次深层打蜡、抛光。不论是什么材质的物体，你都可以用这种天然家具抛光剂来保持其表面的水润光泽。

原料

蒸馏白醋

柑橘类果皮

迷迭香

轻质橄榄油

干的薰衣草花蕾

自选精油（非必需品）

工具

» 2个大玻璃罐

» 2个小玻璃罐

» 细网筛

» 喷雾瓶

你可以使用任何薰衣草花蕾，但最好的品种是窄叶薰衣草（Lavandula × intermedia）。这种杂交品种的花蕾樟脑含量很高，如"格罗索（Grosso）"和白苞的"雪绒花（Edelweiss）"，使用它们将有更强的清洁和驱虫效果。

1. 使用较大的罐子来准备浸泡醋，制作方法同迷迭香和柑橘厨房喷雾剂的（第123页）。

2. 在较小的罐子里装上其容积一半的干薰衣草花蕾，然后将橄榄油倒至距离罐子口1/4英寸（0.64cm）的位置。

3. 将两个罐子放在温暖的地方，但不要让阳光直射它们，浸泡3周。每隔几天轻轻摇晃它们。

4. 用一个细网筛将香草和柑橘类果皮从液体中过滤出来。将两种液体倒入不同的玻璃罐中，并将香草丢弃。

5. 将处理过的1/2杯（120ml）醋和1/4杯（60ml）橄榄油混合在一起，倒入喷雾瓶中。摇一摇，在木头表面轻轻喷一下，然后用软布擦一下，测试效果。

6. 如果你觉得喷雾太油或太干，你可以调整配方——加入更多处理过的醋或橄榄油，使之达到1:1的比例。如果你想要更浓的香味，可以在每杯（235ml）液体中加入10滴精油。我推荐薰衣草、迷迭香、柠檬、酸橙或橘子味的精油。

7. 你剩下的浸泡过薰衣草花蕾的橄榄油可以在黑暗的橱柜中保存一年。而浸泡过迷迭香和柑橘类果皮的醋最多可以保存3个月。

> 你可以用多余的浸泡醋来制作厨房喷雾剂（第122页），用浸泡过薰衣草花蕾的橄榄油来制作香草浴球（第98页）或薰衣草和紫朱草香皂（第100页）。

肥皂草多用途清洁剂

正如前文所述，制作手工皂是一种严谨的家庭化学手工形式。不过，你只需要用富含皂苷的植物和水，就可以用一种不那么复杂的方法来制造类似肥皂的清洁剂。皂苷是一种天然物质，其作用效果类似于肥皂，如果你摇晃它，甚至会产生泡沫。就是它使得无患子属植物的果实可被用于制作天然的洗衣液。

另一种富含皂苷的植物是肥皂草（*Saponaria officinalis*）。用它制成的温和的清洁产品，几乎适用于任何地方，包括餐具、地板、操作台，甚至头发和皮肤。肥皂草的花有好闻的香味，这意味着你可以种植一种既能清洁物品又能用于插花的植物。

肥皂草是一种驯化野生植物，原产于欧洲，但它可以在世界各地生长，有时会成为入侵物种。它的生命力很顽强，据说可以强过荨麻和薄荷。所以，如果你种植了这种植物，就要确保它不会长出花园。皂苷也可以杀死鱼和其他水生生物，所以要让你的植物远离水。

使用时，可在生长期的任何时候截取植物的任何部分，但要知道，在它开花时，地上部分的皂苷含量最高。你也可以在秋天挖出富含皂苷的肥皂草根，将其清洗、切片并晒干，以便将来使用。晒干的肥皂草至少可以使用一年。

是取肥皂草中的天然皂苷，快速制作一种简单的家庭清洁剂。

原料

4杯新鲜的或2杯干燥的肥皂草

2夸脱（2L）水

2~6滴精油（非必需品）

使用这个配方做的清洁剂足够洗碗或为操作台和橱柜进行清洁。如果你要清洗地板或窗户，可将用量翻倍，并在最后加入1/4杯（60ml）醋。只需将配方中肥皂草的用量减半，就可以用这一更温和的清洁剂为皮肤、头发或精致的织物进行清洁。

1. 将肥皂草洗净，切成细末，与水一起放入锅中。

2. 将混合物煮沸后，转为小火，煮15min。

3. 在使用之前，过滤并让液体冷却到合适的温度。将草末丢弃或用于制作堆肥。

4. 肥皂草泡水的气味并不强烈，但会让你想起煮过蔬菜的水。作为家用清洁剂，加入几滴精油，气味会更怡人，可选择柑橘类精油，如橙子、柠檬或酸橙的精油。

你可以单独使用肥皂草清洁剂，也可以将其稀释在热水中。搅拌时，它会产生气泡，但不要指望有商业洗涤剂和洗发水的那种泡沫。不过不要担心，因为你会发现它在清洁油和污垢方面同样出色。不立即使用的肥皂草清洁剂应冷藏，并在3天内使用完。

肥皂草是一种多年生草本植物，可长到3英尺（1m）高，通过根状茎繁殖。

肥皂草并不是唯一可以用来制作清洁剂的富含皂苷的植物。你还可以使用洋常春藤（*Hedera helix*）的叶子，欧洲七叶树（*Aesculus hippocastanum*），以及许多野生植物。

款冬

龙牙草

菘蓝

染料木

万寿菊

苹果

6

天然植物
染料

菊苣

波叶大黄

两色金鸡菊

大丽花

染色茜草

贯叶连翘

药水苏

栎树

特蕾辛哈的花园

姓　　名：特蕾辛哈·罗伯茨（Teresinha Roberts）

花园位置：英国伯明翰

当地气候：夏季温和，冬季潮湿，冬季平均最低温度为39℉（3.5℃）

植物种类：染料植物和亚麻

制　　作：亚麻布，自然染色的羊毛、纤维和织物

　　使用植物为羊毛和布料染色是现代的"炼金术"——自然和化学创造了鲜艳的色彩和可穿戴的艺术。然而，现在很少有人种植植物并利用它们进行染色了。

　　生羊毛的自然颜色有从白色到灰色的，也有从棕色到黑色的。未染色时，丝绸是乳白色到黄色，而以植物为原料的面料，如亚麻布和棉布，则是浅色的乳白色和白色。虽然它们本身就很美，但如果不将其染色，我们就都穿着同样的中性色调衣服。色彩能够

蔬菜中点缀着特蕾辛哈种植的用于染色的植物。

春黄菊是特蕾辛哈用来将羊毛染成阳光般的黄色的植物。

维京人用染料木作为黄色染料植物。

让我们表达自我，而且也充满了乐趣。

直到19世纪中叶，所有的羊毛和布料都是自然染色的，而围绕木蓝、菘蓝和染色茜草等染料植物形成了一个庞大的产业。它们的颜色甚至成为民族的骄傲，英国种植的染色茜草被用来制作红衣军团的红色制服，而美洲种植的木蓝则是革命军的首选染料[一]。

合成染料的引入改变了我们为纺织品着色的方式。它们更便宜，更容易制造，颜色保持时间更长久，而且颜色更多样。它们的发明摧毁了整个农业染色产业，与机械化一起，使我们走上了快时尚之路。我们现在才意识到，我们所穿的这些好看的衣物引发了令人难以置信的严重污染。时尚行业产生了全球10％的碳排放量和全球20％的废水。[二]为衣服染色占了其中很大一部分。

我们还有其他的选择——在道德约束下生产的纤维和布料，以及在不破坏环境的情况下制作好看服装的方法。我们也在从过去寻找使用植物和天然成分为纤维着色的灵感。特蕾辛哈·罗伯茨就是一位重新发现这种手艺的人。

特蕾辛哈学过生物学的相关知识，但她的另一个爱好是手工制作纺织品和创作纤

⊖　乔·施瓦茨（Joe Schwarcz），"这是一个更疯狂、更疯狂、更疯狂的世界"，加拿大化学新闻（ACCN），2013年11月/12月，https://www.cheminst.ca/magazine/article/its-a-madder-madder-madder-madder-world。

⊜　"为快速时尚踩下刹车"新闻和故事，联合国环境规划署，2018年11月12日，https://www.unenvironment.org/news-and-stories/story/putting-brakes-fast-fashion。

这片织物的纤维是用不同的植物和技术自然染色的。

维艺术。她种植亚麻来制作亚麻布，甚至还养过蚕来制作手工丝绸。但她是在学习刺绣课程时第一次接触染色的：用物质将她所喜爱的纤维变成颜色的艺术，这让她想起了故乡巴西。她说："我发现染色的过程非常令人兴奋，但我对化学染料并不热衷。"就在那时，她决定研究可以达到同样目的的染料植物。

当时，关于这一主题的信息并不多，但她知道利用植物染色是可以实现的。她有一个能种植植物的花园，于是她怀着学习的决心，浏览了种子目录，寻找能给她带来自然色彩的植物。她种的前三种染料植物是可染蓝色的菘蓝、可染红色的染色茜草和可染黄色的淡黄木樨草。在当地织工、纺工和染

工相关协会同事的指导下，同时参阅了图书馆的书籍，特蕾辛哈开始尝试使用自产的染料。

她说："当你使用天然染料时，你会得到特别神奇的颜色。我喜欢它们是因为所有的颜色都能很好地搭配在一起。"你可以有一个装满不同颜色纱线的篮子，如果你需要两种颜色搭配，在其中任意选择都可以。当你开始尝试使用天然染料时，我敢打赌，你会有像彩虹色一样多的颜色可以选择。

这正是天然染色最令人激动的部分——通过研究植物、木材和矿物来寻找新的颜色。你可以从一棵植物中得到无数的色调，这取决于pH值、媒染剂（将染料附着在织物上的物质）、温度、矿物、金属、纤维类型

特蕾辛哈在她的小块菜园地中种了一些染色茜草。

和技术。

特蕾辛哈在两块土地上种植她的染料植物，每块土地大约有一个网球场那么大。那里至今仍然生长着染色茜草、菘蓝和淡黄木樨草，还有两色金鸡菊、春黄菊、蓼蓝、染料木和漆树。她的邻居种植了染料植物一枝黄花和菊蒿作为观赏植物。她和她的邻居一同分享这些植物。

对于初学者，特蕾辛哈建议将淡黄木樨草作为种的第一种染料植物。它能给你带来鲜艳甚至如霓虹灯般的黄色，而且它很容易栽培——能在荒地上快乐地生长。不过，特蕾辛哈最喜欢的染料植物是染色茜草，它也很容易种植和使用。

"我喜欢染色茜草染出的红色。挖它

的根很有趣，我通常在冬天挖，因为这时没有什么其他东西可收获。下一步是清洗和干燥，一旦根部干透，估计能保存几十年。"她目前正在减少自己种植的染色茜草，因为她现在的储备量足够使用数年。

当你开始建造一个染料植物花园时，要从小处开始。在花境中种植一些植物，或者把它们塞进现有的花园中。你可以用这些植物以及不同的技术和纤维进行实验。随着时间的推移，你的经验和收获都会有所增长，你也将拥有活色生香的挂毯。

具有自然色的植物一览

种植植物，用于给羊毛、纤维染色，或制作手工皂和食物。

上图　不起眼的染色茜草的根部可以将纤维染成鲜艳的红色和橙色。

下图　淡黄木樨草的茎叶可以使你获得持久鲜艳的黄色。

上图　洋葱皮是最容易获取的黄色染料原料之一。

下图　使用新鲜的聚合草叶，能获得柔和自然的绿色。

上图　在种植的第一年仲夏时节收获菘蓝的叶子，以获得鲜艳的蓝色。

中图　大丽花可以染出浓郁的金色，一旦它们开始褪色，最好尽快用来做染料。

下图　土木香根部可以通过含铁媒染剂在羊毛上呈现柔和的灰色。

上图　各种颜色的帚石南花可染出深浅不一的橙色和黄色。如果你把叶子加到染缸里，会得到偏黄的绿色。

中图　波叶大黄叶是一种天然的媒染剂，但也能将纤维染成黄绿色。

下图　刚开放的一枝黄花花朵能染出明亮的黄色，而开得久些的则能染出黄绿色的色调。

种植染料花园

一些有用的植物可以滋养我们的身体，它们可以食用、药用，有很多的实际用途。然而，保持精神健康的最重要的方式之一是通过艺术，创造赏心悦目的设计，通过色彩、动态和线条表达情感。这发生在我们种植花园的过程中和植物本身上，也发生在我们在家里创造艺术时——用植物艳丽、生动的自然色调为柔软的羊毛和手工皂染色。

当我们计划打造一个彩色花园时，我们往往想到花卉展示和配色方案——为增添冬季的情趣而种植引人注目的树木，选择能相互衬托的叶子和花朵。而染料花园可以更加狂野，不受限制。自然的颜色并不总是显而易见的，它们可能隐藏在植物的叶、根和皮中。

上图　与狐尾草和其他野草一起生长的淡黄木樨草。

用一枝黄花染成的羊毛和羊毛纱。

野生的和栽培的染料植物及树木都生长在这个森林花园中。

可食森林中的染料花园

帕特·凯利（Pat Kelly）在马恩岛的染料花园是她野生持续栽培可食森林的一部分。它大部分是自然长成的，里面生长着苹果树、高耸的桉树、毛核木、一枝黄花、两色金鸡菊，以及大量的野生植物，这些植物都因其染色特性而具有价值。人们看到的是悬钩子和洋常春藤，而帕特看到的是植物的染色潜力。你可以从她那里学到的一个经验是，如果你建造了一个自然生长的花园，那么你可以更加充分地利用野生植物。黑莓和接骨木可以给你带来柔和的紫色和蓝色，利用洋常春藤和欧洲蕨可以创造黄色、绿色和棕色。如果你是那种讨厌除草但喜欢创意的人，野生花园可能会适合你。

帕特的花园有一个特性是，树木在这里很重要。绝大多数草本染料植物能够染出各种不同的黄色。树木的树皮和树叶，以及生长在树上的地衣，则是温带花园的调色板，能染出深紫色、粉红色、红色和浓郁的棕色。

在容器中种植染料植物

许多栽培的染料植物在其原生地以外的地方都是有害的，所以必须防止它们"逃逸"。染料木（*Genista tinctoria*）原产于欧洲南部和亚洲，但在加拿大和美国的部分地区已从花园向外传播开来，成为入侵者。菘蓝（*Isatis tinctoria*）是另一种欧洲植物，在整个北美被认为是有害的杂草。两者都能在荒地上茁壮生长，通过种子迅速传播。

在种植染料植物时，要研究它们的潜在入侵性，并考虑将它们种植在容器中而不是开放的花园。同样地，马恩岛的萨

天然食物染料	
颜色	食物原料
🔴🔴 红色和粉色	甜菜根、木槿、草莓
🟠🟡🟡 橙色和黄色	金盏花花瓣、胡萝卜、红椒、番红花花蕊、南瓜
🟢 绿色	欧芹、菠菜、冰草
🔵 蓝色	蓝莓、蝶豆花、矢车菊花瓣、紫甘蓝加小苏打
🟣 紫色	蝶豆花加柑橘汁、紫胡萝卜、紫薯、紫甘蓝

拉·霍格（Sara Hogg）决定以这种方式种植她的染料花园。她的染料木和菘蓝都生长在有墙的院子里的大金属容器里，里面还有药水苏、款冬、蓬子菜和林当归。甚至她的碎石板路也会阻止这些植物自播。

种植天然食物染料

如果你不喜欢复杂的羊毛染色和肥皂制作，那么使用植物染料的最简单方法是使用天然食物染料。可食用的花、水果和蔬菜可以成为从意大利面到混合饮料颜色的来源。如果它是无毒的，并且在烹调时能保持其色调，那么你可以用它为食物染色。

你已经看到了迪安娜的紫色面包，她在面团中加入胡萝卜泥来制作紫色面包（第15页）。要想自己做这个，可以通过烹饪软化你的染料植物以使之呈泥状，如果有必要，可以使用食品加工机或浸入式搅拌机搅拌，直到泥变得丝滑。我在第77页的意大利面配方中加入了两汤匙（30g）的菜泥，以得到右图中所示的面团。你也可根据需要多加或少加一点儿。

你可以通过使用彩色菜泥、果汁、茶和浸泡过染料植物的食用油，为食物染上任

使用水果和蔬菜泥为面团自然上色。

何颜色。通过用有色材料代替水或油的方式，你几乎可以在任何食谱中使用它们。不过要注意味道——虽然有些食物染料不会增添很多味道，但有些会。一些颜色在接触到酸性或碱性的物质时也可能发生变化。

使用染料植物

从一些资料中我们知道，人们给织物、纤维和羊毛上色已有数千年的历史。古代的纺织品碎片不时地被发现，其中一些仍带着鲜艳的色彩和图案。通过这些碎片，我们知道，至少从公元前3000年起就有了染色茜草，罗马人和维京人也使用过淡黄木樨草。更耐人寻味的是，我们今天可以使用许多同样的植物进行染色。

如果你喜欢编织、刺绣或缝纫，那么自然染色将为你的创作增光添彩。使用植物继承了文化传统，创造了与自然界的联系，而你创造的颜色因自产的而更加特别。从创意的角度看，自然染色实验应该是被鼓励的，看着白色的羊毛在叶子、花和根制成的染液浸润下慢慢变色，这是一种令人惊叹的体验。

染料植物

我们很多人的衣服上都有过草污，并知道它们最终会被洗掉或褪去。使用植物染色是一个使用天然化学品和矿物将颜色"锁"入纤维的过程。有时，植物本身就会有染色能力和持久力，但要想创造出持久鲜艳的颜色，往往需要对纤维进行媒染。

染料植物有各种类型，在使用它们时，你可以使用整个植物，也可以只使用它的一部分——根、皮、叶、茎或花。你

植物的根、皮、种子、叶、花或浆果可以为织物和纤维染上一系列的自然色彩。

也可以混合植物来制造复合染料，如果你对产生的颜色不满意，还可以用更深的颜色进行套染，以获得更好的效果。用菘蓝或木蓝铺在深浅不一的黄色上创造出绿色时，经常采用套染的方法。

基础染色过程

在染色时，你只需要两种材料：纤维或布，以及你用来染色的植物。纤维可以是植物性的，也可以是动物性的，而染色技术将根据你使用的东西和想达到的色调而有所不同。

常见染料植物

颜色	植物名称	使用部分	描述
	紫朱草 *Alkanna tinctoria*	根部	紫朱草是木本、低矮的多年生植物，有毛茸茸的叶子和紫色的小花。在欧洲南部野生生长，从我看到的照片来看，它喜欢沙质土壤，是一种需要支撑的染料植物
	金光菊 *Rudbeckia* spp.	花朵、茎、叶子	金光菊是短期的多年生草本植物，可耐受23℉（−5℃）的低温；春天用种子播种，第二年后才可能开花
	水仙 *Narcissus* spp.	花朵	水仙是春季开花的多年生草本植物，可耐受5℉（−15℃）的低温；秋季种植球茎
	春黄菊 *Anthemis tinctoria*	花朵、茎、叶子	春黄菊是短期的直立多年生植物，有羽毛状的叶子和黄色的花；生长迅速，所以也可以作为一年生植物种植；花朵能染出明亮、不褪色的黄色；绿色部分则能染出柔和的绿色；可耐受−30℉（−34℃）的低温
	两色金鸡菊 *Coreopsis tinctoria*	花朵、植物顶端	两色金鸡菊是直立一年生植物，叶子呈披针形，开黄色的花，花心呈栗色；花和整个植物的顶部能染出黄色、橙色和温暖的棕色；种子种植；也有多年生的类型，你可以用它把纤维染成从黄色到绿褐色的颜色
	大丽花 *Dahlia* spp.	花朵、茎、叶子	大丽花是多年生草本植物，有直立的茎和醒目的花朵；花朵大小和颜色各异，染出的颜色很大程度取决于花色；茎和叶可染出绿色调；可耐受23℉（−5℃）的低温，但在较冷的地区可以将块茎挖出、储存，之后重新种植
	洋常春藤 *Hedera helix*	叶子、浆果	洋常春藤是多年生常绿攀缘植物，叶子有光泽，冬季至春季结深色浆果；由于其扩张速度快，可能具有入侵性；可耐受−4℉（−15℃）的低温，易于扦插繁殖
	桉树 *Eucalyptus* spp.	叶子、树皮	桉属植物为多年生常绿乔木或灌木，有银绿色的芳香叶；可耐受10℉（−12℃）的低温
	蓬子菜 *Galium verum*	根部	蓬子菜是多年生草本植物，有直立的茎和精巧的黄花；易于播种种植，会通过地下匍匐茎和生根的茎蔓延生长；可耐受−30℉（−34℃）的低温；有入侵性
	染色茜草 *Rubia tinctorum*	根部、叶子	染色茜草是多年生草本植物，延伸生长；第二年后可以收获根部，但也可以通过叶子得到珊瑚粉色；可耐受−28℉（−20℃）的低温；通过地下匍匐茎繁衍，容易通过种子繁殖
	洋葱 *Allium cepa*	球茎外皮	虽然从技术上讲洋葱是两年生作物，但它们可作为一年作物种植，春季以苗或种子形式种植，夏季收获；然而，也有一些越冬品种，可以在秋季或冬末种植，这些品种大多至少能耐受20℉（−6℃）的低温
	贯叶连翘 *Hypericum perforatum*	鲜花、植物顶部	贯叶连翘是直立多年生植物，生小叶，盛夏时会开一簇黄花；可耐受−4℉（−20℃）的低温，容易通过种子繁殖
	淡黄木樨草 *Reseda luteola*	第二年的花、茎和叶	淡黄木樨草是二年生植物，第一年生长为莲座状，第二年可达6英尺（2m）高，生有粗壮的茎、狭长的绿叶和绿色至黄色的花；可耐受−20℉（−28℃）的低温，就地播种繁殖
	菘蓝 *Isatis tinctoria*	第一年的叶子、种子	菘蓝是二年生植物，第一年长成小叶植物，第二年长出高大的黄色花穗和深色种子；适应性强，可耐受−30℉（−34℃）的低温；可通过种子繁殖；需对其进行约束，因为它有入侵性

天然染料植物包括桉树、常春藤、洋葱、鳄梨、接骨木、金盏花、淡黄木樨草和染色茜草。

你需要对大多数纤维进行媒染，以便从植物中获得深而持久的颜色。媒染指在将纤维等放入染液之前，先用一种物质，如明矾，含铜或含铁物质，或豆浆，来处理纤维等的染色方式。一些植物有天然的媒染特性。你可以用波叶大黄叶的溶液来媒染许多动物纤维，而来自栎树果实或火炬树叶的鞣质对媒染植物纤维很有用。

媒染

要用明矾对羊毛进行媒染，先要称量你的纤维，以计算出明矾的用量。按纤维重量计算，你需要12%的明矾和6%的酒石膏。注意，在使用明矾时要戴上手套和口罩。接下来，将羊毛放在不锈钢锅或铝锅中，加入足够的温水直到没过它，然后放置一个小时。

这段时间结束后，将明矾和酒石膏放入杯中，并加入足够的沸水使其溶解，搅拌均匀后，倒入装有水和羊毛的锅中。煮到180℉（82℃），并保持这个温度，每隔几分钟轻轻搅拌一次。一个小时后，关上火，让羊毛在锅里冷却一晚。

第二天，你可以将含明矾的水倒入水槽；如果你的排水管道连接化粪池或水源，请将其倒在外面喜欢酸性土壤的植物周围。然后，在新鲜的温水中用洗洁精轻轻地清洗羊毛。彻底冲洗后，在外面晾晒以备将来使用，或将其放在一旁进行染色处理。

准备染色植物

你可以使用干燥的材料或花园里的新鲜植物，但要确保它们处于良好的状态。根据你使用的东西，你可以通过熬煮植物

晾晒用染色茜草的根（深粉色）、鳄梨（柔和的粉色）和红洋葱皮（绿色）染色的羊毛、丝绸和麻布。

左边的纱线是利用明矾媒染的，右边的纱线是利用含铜物质媒染的。

在桉树和染色茜草染液中熬煮的羊毛纱线。

原料，让植物像茶一样在热水中浸泡，或在水中浸泡较长时间（几天或几周）来制作染液。有时，如贯叶连翘花，最好使用新鲜的植物原料，但一般来说，你使用新鲜的或干的都行。

　　用量是不一样的，但作为一般规则，使用同等重量的染料植物和纤维能染出好看的颜色。你可以用更多或更少的染料染出更深或更淡的颜色。请记住，植物的染色潜能每年或每一季都会有所不同。这就是天然染色的魅力——你永远无法真正知道你会得到什么颜色，除非到了最后一刻。

　　准备好染液后，将纤维放入其中。有三种主要的染色方法：冷却法、一体法和热染法。热染法是将纤维在染浴中煮约一小时，对大多数植物适用。当你对颜色感到满意

这两捆线是分别用明矾和含铜物质作为媒染剂处理后，在一个染色茜草的染液桶里一起染的。

时，你就把纤维拿出来，漂洗并晾干。从下一页开始，你可以详细了解热染法。

用洋葱皮给纱线染色

用洋葱皮可以给羊毛染出一系列颜色，包括黄色、橙色、棕色和绿色。

洋葱皮可能是你开始接触染色时可以使用的最简单和最可预测的天然染色材料。用它对动物纤维和植物纤维进行染色都不会留下气味，你甚至不需要使用媒染剂，染出的色调就会很鲜艳，并能保持较长时间。使用棕色的洋葱皮给白色羊毛染色，你会得到呈现黄褐色到棕色色调的羊毛，而红色的洋葱皮可以染出绿色的色调。

原料

3.5盎司（100g）未染色的羊毛纱线

1.2盎司（35g）洋葱皮（约7个中型洋葱）

2夸脱（2L）水

工具

» 炖锅

» 筛子

熬煮的洋葱皮能产生浓郁的红褐色的染液。

一小时后，羊毛呈现出鲜艳的金色，就可以进行漂洗和晾晒了。

这里我使用的是当地产的含100%羊毛的纱线。它华丽而柔软，非常适合编织成袜子和衣服。如果你的纱线没有绕成束，你需要先把它绕成一束，以利于染色。你可以把纱线绕在椅背上，形成一个环。将纱线的头部和尾部绑在一起，然后用几根短纱线分段将纱线圈绑成束。"8"字形系带是最好的，可以保持纱线被绑的位置不变。可参考第140页左上图捆绑。

1. 在温水中用洗洁精轻轻地清洗纱线，以去除加工残留物或残留的羊毛脂。不要搅动或搓洗纱线，因为这会使它们缠绕在一起。彻底冲洗干净。

2. 将洋葱皮与水一起放入锅中，炖煮一个小时。用筛子将染液过滤出来并将皮丢掉。

一次性剥掉所有的洋葱皮，或者积攒平时剥掉的洋葱皮，直到你有足够的量用于染色。

以上是用洋葱皮染色的纱线，左边的是用明矾媒染的，右边的是用含铜物质媒染的。

3. 如果在你准备染色的时候纱线已经干了，那么在染色之前，把它放在温水中浸泡30min。把水分挤干，然后把它放进装有洋葱皮染液的锅里。在180℉（82℃）的温度下煮一个小时。确保染液没过纱线，并每隔几分钟轻轻搅拌一下。时间一到，关火，让纱线在染液中冷却一晚。

4. 第二天，将锅中的染液和纱线倒入厨房水槽，用温水冲洗纱线直到水变清。把纱线中的大部分水分挤到水槽中，然后将它挂在外面晾干。最后把它拧成一束，以便储存。

自然着色的手工皂

菠菜

胡萝卜

菘蓝

紫朱草

辣薄荷

染色茜草

金盏花

胡萝卜

使用染料植物并不限于给纤维染色，你也可以用它们来为其他东西着色，包括手工皂。如果一种植物是无毒和无致敏性的，那么它可以安全地用于洗浴和美容产品。肥皂会经历一种被称为"皂化"的自然化学变化，一些植物成分可以在这种变化和最终产品的碱性环境中留下，有些则不能。发现哪些成分可以保存下来也是一种乐趣。

给肥皂上色时可使用黏土、花、种子、根和叶子等，为你的肥皂注入天然色调。学习如何使用它们，发现那些有时能给你带来惊喜的色调，这是一门迷人的艺术。同样令人激动的是，作为一个园丁，你可以自己种植许多种植物，并尝试利用其独特的特性。如果我去年没有种植胡萝卜"红宝石王子（Ruby Prince）"，我就不会知道用它可以创造出橙色果汁冰糕色的肥皂，而普通的橙色胡萝卜能将肥皂染成浅黄色。

使用这些天然染料，你可以制作出五颜六色的肥皂。染出的颜色大多数都是柔和的，但也有例外，比如你可以从红木的种子中得到动人心魄的橙色。你还可以使用天然着色剂来给肥皂增加纹理和图案。随着时间的推移，小块的干辣薄荷成分会渗透到其周围的肥皂中，形成金色的光晕效果。

在前文中，我介绍了用紫朱草根把肥皂染成紫色的方法（第100页）。你可以使用相同的基础配方和操作方法来制作许多其他不同颜色的肥皂。如果不使用紫朱草，用该配方制作出的肥皂是白色的，这意味着你添加任何天然着色剂都不会与肥皂的本色有所冲突。

在油中浸泡

一些天然肥皂着色剂是油溶性的，这意

将给肥皂上色的植物浸入液体油或水，然后将之作为配方中的原料。图片中展示的是金盏花、紫朱草根和红木籽的浸泡油。

味着它们可以溶入油中。这就是紫朱草根的特点，也是我们在给肥皂染色时将其浸入液体油的原因。其他可以浸入油的原料包括染色茜草根、金盏花瓣、红木籽、干欧芹和菘蓝粉。通常是在500ml油中加入1~4汤匙的香料、根或种子。你用得越多，得到的颜色就越浓。

使用干叶或干花时，用干的植物原料填满500ml的罐子，然后用油封住。如果原料很细或是小颗粒的，装到罐子的一半就可以了。如果是完整的干花头，则需装满罐子。将混合物放在温暖、黑暗的地方浸泡2~4周，每天摇晃罐子。之后过滤出油，并将其部分或全部用于制作肥皂，但要确保使用的是肥皂配方中要求的油。

浸入水中

有两种方法可以将一些天然的肥皂着

天然肥皂染料		
颜色	原料	如何使用
●	紫朱草根　*Alkanna tinctoria*	浸油
●	金盏花花瓣　*Calendula officinalis*	浸油、浸水、干燥状态
●	胡萝卜　*Daucus carota* var. *sativus*	菜泥
●	染色茜草根　*Rubia tinctorum*	浸油、干燥状态
●	辣薄荷　*Mentha × piperita*	浸油、浸水、干燥状态
●	西葫芦　*Cucurbita pepo*	菜泥
●	菠菜　*Spinacia oleracea*	干燥状态、菜泥
●	菘蓝粉　*Isatis tinctoria*	浸油、干燥状态

色剂浸入水中。你可以在做肥皂之前泡香草茶，待其冷却后加入氢氧化钠。或者，你可以将植物原料直接在氢氧化钠溶液中搅拌。这是我经常使用的一个简便方法，但不太好把控颜色，而且你的肥皂中可能会有香草颗粒。我在香草茶中使用的一些植物原料包括金盏花瓣、辣薄荷叶和一枝黄花的花。

用香草茶做肥皂的方法也可以用来制作饮料，放入1~2茶匙干燥的植物原料，或者将比之多一倍的新鲜原料，倒入一杯（235ml）刚煮沸的水中，将原料浸泡在沸水中直到水冷却，或者直到你想要的颜色出现。然后将过滤后的液体作为氢氧化钠溶液的部分或全部溶剂。

添加干燥的植物原料

如果植物原料是干燥的，如粉末或小颗粒，你可以将其添加到氢氧化钠溶液中，或者在肥皂乳化变稠时添加到肥皂中。这种技术对菘蓝粉、染色茜草粉、菠菜粉和其他许多植物都很有效。这样操作可能会使你的肥皂出现细小的斑点，不过我喜欢这样。若在肥皂中使用干的植物原料，一般每磅

（454g）皂液中最多添加一茶匙。

你也可以在肥皂乳化时向其中添加一些干花瓣来增加颜色和斑点。金盏花花瓣会保持其原有的颜色，但估计大多数花瓣，如蔷薇花瓣和薰衣草，会变成棕色。

添加菜泥

在肥皂中添加菜泥被认为是一种高级的制皂技术。菜泥用量太多或其中所含糖分太高，为肥皂着色可能会导致失败，颜色会变成棕色或者消失。当然，如果你使用适当的量，植物原料就会自然地保存在成品中，同时也会给肥皂着色。将胡萝卜、鳄梨、番茄（糊状）、菠菜、西葫芦和南瓜等的菜泥添加到肥皂中，效果会很好。不过可惜的是，甜菜在肥皂冷加工制作过程中会使肥皂变成黄色或棕色。

如果你打算用菜泥，我建议你用自制的，在每磅（454g）皂液中加一汤匙（15g）。不过，一定要称一下它的重量，然后在你用于制作氢氧化钠溶液的水的重量里减去这一重量。

7

巧手花园

梅利莎的花园

姓　　名：梅利莎·J. 威尔
　　　　　（Melissa J. Will）

花园位置：加拿大安大略省

当地气候：夏季炎热潮湿，冬季平均最低
　　　　　气温为27℉（–3℃）

植物种类：为野生动物和户外享受培育的
　　　　　花草

制　　作：创意花园艺术

梅利莎在她母亲的花园里被植物、动物和艺术包围着长大。她记得小时候在花园里漫步，由此慢慢地发现了自然界的奇迹——嗡嗡作响的蜜蜂，翩翩起舞的蝴蝶，以及在更大的生态系统的"拼图"中茁壮成长的鸣禽。正是这些激动人心的发现，以及四季变换组成的生机勃勃的"画布"，塑造了她的园丁身份。

梅利莎的一些花园艺术有隐藏的含义和趣味，比如图中这朵巨大的松果菊。

花园艺术创造了视觉趣味，并为野生动物提供了栖息地。

梅利莎的花园是野生动物的绿洲，里面有大量传粉者喜爱的花朵。

　　我认识梅利莎十年了，我发现她的花园最引人注目的是它的艺术性。虽然她没有从她母亲那里学到实用的园艺技术，但她继承了母亲对艺术创作的热爱。艺术品将整栋房子填满了，并蔓延到花园里——艺术与自然交织在一起，或者说是自然中交织着艺术。

　　在她的花园里，你会发现大量的松果菊，还有美国薄荷、雏菊，以及一个养鱼和青蛙的小池塘。园中还点缀着用回收材料制成的美丽户外艺术品：有一个用掉落的树枝做成的巨大鸟巢，还有用旧浴缸、椅子做成的，树叶从中溢出来的画框。梅利莎有时会做一些搞怪的作品，比如她的巨型松果菊。

　　她说："我在花园里种植了近百种开花植物。松果菊说'嗯，这非常好，但我们需要空间，谢谢'。"

　　最终，它们赢了，巨大的松果菊成为它们幽默的"神龛"。这种如同表达幽默感时眨眼和微笑的方式，体现了一个"女性花园"的本质——大自然"说了算"，人类应该与植物共存而不是对抗，应该庆祝收获而不是纠结于失败。我们并不是要严格控制植物的生长和产量，而是要放松身心，培育植物，打造一个赏心悦目、益于心灵、能够让你心情愉悦的种植空间。

　　从实用角度出发，花园艺术是为新的

花园艺术既可以是异想天开的，也可以是实用的。这个作品提供了私密的种植空间和植物支架。

或发展中的种植空间增加乐趣的一种方式。梅利莎开始建花园时种植了一些幼苗，然后环顾四周，思考"接下来怎么办"。买一花园的植物太贵了，所以她决定从种子开始种植，随着时间的推移来培育植物，而不是一下子填满整个花园。

花园艺术让她可以在户外花更多时间，让荒芜的地方充满活力，这也使一些东西免于被当作垃圾处理。时至今日，她在路边发现的任何东西，只要能经受住季节的考验，并能在花园里安全使用，都可以被拿来在花园中打理和摆弄。

"我没什么钱，所以我把人们扔进垃圾桶里但仍然干净的东西带回家。然后我想，哦，我可以用这个做一个吊灯挂在花园里，或者我可以改造一下这个旧花架。"

花园艺术也不一定很复杂。目前，梅利莎的花园中最有代表性的作品之一是她涂成蓝色的旧梯子。每年都有新的植物在梯子上或它周围生长，无论是香豌豆、旱金莲还是松果菊。即使在冬天，它在雪地上看起来也很醒目。

梅利莎和我详细地谈了她为什么要做园艺，以及为什么园艺对她很重要。答案很复杂，多是出于情感。这是出自她对大自然的喜悦、怜悯和崇敬之情——看着小小的种子如何舒展，长成活生生的植物。只要稍加努力，一个普通的后院就能变成一个充满生命和美的地方。她说，她所知道的一切，都是在花园里学到的。生命、死亡、季节、

用蜂蜡保存树叶制成的室内落叶艺术品。

梅利莎·J. 威尔是"泥土皇后"（Empress of Dirt）
网站的强大后盾。

食物、共存、戏剧、爱情—— 一切都在这里
发生。

　　梅利莎不仅是一个园丁，还是她那个小
世界的培育者。长时间的户外活动使她与她
的植物、土壤和野生动物建立了联系。她秉
持有机和"免耕"的园艺原则，种植传粉者
喜欢的花卉，建设可作为野生动物庇护所的
艺术花园。

　　打造巧手花园既是为它做东西，也是用
它做东西——这些事情充满乐趣和创造力，
将植物学的印记带入我们的生活。它是对我
们在童年发现的那些自然奇迹的褒奖，并通
过艺术和个人表达增强了人与环境的密切
关系。

创意花园一览

花园中的创意始于自我表达，通过机智和有趣的方式实现。

上图　如果你的空间有限，可以尝试种植微型植物。

下图　创造性地将植物与花园艺术品相结合。

上图　赋予现成的物品和花园工具以新的生命，比如这个手推车。

下图　这个旧雪利酒桶可以当作一个完美又质朴的水桶。

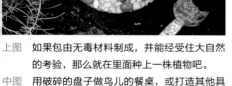

上图　如果包由无毒材料制成，并能经受住大自然的考验，那么就在里面种上一株植物吧。

中图　用破碎的盘子做鸟儿的餐桌，或打造其他具有马赛克元素的物品。

下图　捡来的海玻璃可以做出宝石般的花园踏脚石。

上图　用木棍、小树枝和柳条编织成具有创意性的花园支架。

下图　盛放咖啡或橄榄油的金属罐子很容易清洗，可以将它们变成花盆。

低成本创意花园

花园艺术可以很昂贵，也可以几乎不花钱，这取决于你的耐心和智慧。你可以用花园的废料制作堆肥，凭借旧物回收的想法和一点儿DIY技术制作花盆、花坛和花园设施。只需要一点点的想象力和苦干精神，你就可以创造很多东西。

在前文中，你已经看到了用木质托盘制作花坛（第24页）和用砖头制作螺旋式花坛（第70页）的方法。这两种方法都是利用回收材料为植物创造生长环境，还有很多其他想法可以帮你升级改造花园。你还可以进一步利用植物本身来打造你的梦想花园。

买植物可能要花很多钱，特别是你开始建造一个新花园时。用种子种植是很划算的，但许多植物的种子发芽后生长状态不佳，或者需要很长时间才能长大。幸运的是，可以通过一些方法利用现有的植物来培育新的植物，不用另花钱。这个神奇的过程叫作无性繁殖——用扦插、分株和压条方法来增加植物数量。这一方法之所以有效，是因为许多植物可以从它们的茎或根上生根发芽。

分株繁殖

分株是最简单的繁殖方法，许多多年生草本植物可以通过切开根球来繁殖新的

通过分株繁殖的植物

美国薄荷 → 春天、夏天
Monarda spp.

金光菊 → 春季、秋季
Rudbeckia spp.

松果菊 → 春天、夏天、秋天
Echinacea spp.

薄荷 → 春天、夏天
Mentha spp.

大黄 → 冬末
Rheum spp.

植株。这意味着你需要把根球挖出来，然后锯成或切成两块或更多块，它们会各自生长。如果一株植物是丛生的，或者有须根或根状茎，那么它就有可能通过分株繁殖，不过，宜在什么时候分株会因植物而异。

扦插繁殖

虽然这个过程有点儿复杂，但扦插是最经济的繁殖方式。你可以从自己或朋友的花园中的植物获取插条。扦插可以在植物的整个生长过程中进行，而且不会伤害植物。扦插法同样适用于无法通过分株繁殖的一年生植物和木本植物。

扦插一般是在春季和夏季进行，这样

选取健康嫩枝进行扦插。

插条只需要几片叶子就可以生长，所以要把其他叶子去掉。

通过扦插繁殖的植物

- 罗勒　*Ocimum basilicum*
- 薰衣草　*Lavandula* spp.
- 迷迭香　*Rosmarinus officinalis*
- 蔷薇　*Rosa* spp.
- 香叶天竺葵　*Pelargonium graveolens*

植物在冬季前就有足够的时间生长。用消过毒的剪刀从生长的植物上剪下3~5英寸（8~13cm）的嫩枝，剪的位置要正好在一个节下，节即可以长出叶子的一个凸起部位。将插条放在装有水的塑料袋或水杯中，以防止插条变干。有时它们可以在水中生长，但进行扦插种植，成活率会更高。

　　在扦插的当天，用你的指甲或干净的剪刀把最上面的一组叶子以外的所有叶子都去掉。接下来，在花盆中装上无菌的、排水良好的种植介质，将插条种进其中，使之没到接近叶子处。我用了蛭石、珍珠

保持插条湿润，放在阳光明亮的地方，14 天后它们就会长出根来。

岩（或沙砾）和多用途混合培养土混合的介质。给插条浇水，把它们放在光线明亮、温度在64~70℉（18~21℃）、潮湿的地方。通常在花盆上套一个塑料袋就够

这种堆肥由花园和厨房废料制成。

了，但有一个培育箱就更好了。你可以期待插条在两周后长出根系。

将绿色变成黑金

当然，你可以将捡到的托盘、盆子和古怪的金属物品作为花盆，但在花园里最被低估的材料是废料。剪下的草、叶子、茎、树枝和厨房垃圾、家里的硬纸板和无光泽的纸，都很容易变成堆肥，只要将它们粗略地分层——一份绿色废料对应两份棕色废料。

这是一种冷堆肥方法，只需在废料产生时将其分层堆放，你就一定能定期获得自制的有机堆肥。我在家里有几个封闭的塑料堆肥箱，只需把厨房和花园里的所有废料都切碎后放进去。

对普通家庭来说，以这种方式制作堆肥是最理想的方法，几乎不需要费什么力。只要不断添加材料，直到你的容器装满，然后就可以不用管它了。蠕虫、蛞蝓、真菌和细菌等将会分解它们，六个月后，你可以把没有分解的东西分到一个新的容器中，并在花园中使用已经做好的堆肥。

利用树枝和柳条创造花园的随性风格。

用植物进行手作

另一种被我们低估的材料是花园里产生的木质废料。在把它用于堆肥或放到路边之前，你可以试着想一想能把它做成什么支撑物。通常可以把树枝用绳子绑在一起，创造出一个用于种植菜豆、南瓜或香豌豆的农园杰作。

使用柳条或修剪过的覆盆子藤这类纤细的木材时，可以使用简单的编条方法提高支撑物硬度。你可以用编条方法把一捆树枝变成一个栅栏，用作障碍物、花园篱笆，或帮助方尖塔式的支撑物抵抗植物的重量，以便不倒。

花园创意可以美化花园，也可以为家庭增添美丽的事物。只要确保无毒，你就可以用新鲜的或压制的花和叶子、植物纤维和木材制作任何东西。后文分享了一些能让你的植物长期保存的方法，你可以在未来的许多年里欣赏它们。

化石印迹——踏脚石

虽然你可以买到踏脚石，但自己制作和装饰它们也非常容易。我有一些用碎盘子和闪亮的海玻璃制成的踏脚石，图案简单但也令人过目难忘。还有一种方法是，在制作踏脚石时将花园里的树叶压入湿的水泥和沙子的混合物中。树叶留下的痕迹看起来非常像化石，并将你对它的回忆保留下来。

这里的方法是针对单个踏脚石的。你可以用一个旧的花盆托作为模具。如果你的花盆托大小与我用的不同，或者你想一次多做几个，保证水泥和沙子的比例是1∶4即可。可以按此比例将材料用量翻倍，但需注意，超过我所用的量，就很难用手搅拌了。

上图 在花园中人流量大的地方放置"化石"踏脚石。

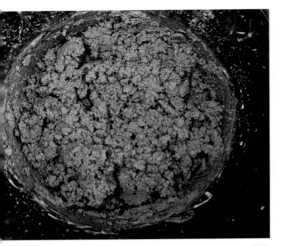

将水泥、沙子与水混合，直到它们湿润，但不是湿漉漉的。

将叶子压入混合物的表面。

原料

1.5杯（355ml）水泥

6.5杯（2kg）粗沙

1杯（235ml）水

食用油

叶子

工具

» 9.5英寸（24cm）的塑料花盆托

» 水桶

» 棍子或搅拌勺

» 报纸或罩布

» 塑料手套

我们许多人的花园里都有"活化石"——银杏、蕨类植物、智利南洋杉和木贼属植物，它们都是在恐龙之前就存在的。更重要的是，它们能在水泥和沙子的混合物表面产生很好的效果，这是创造"真实"化石的一种有趣的方式。

1. 在花盆托中涂上油，这有助于成品脱模。

2. 在计划操作的地上铺上报纸或罩布。如果天气干燥温暖，就在室外工作；如果天气寒冷或潮湿，就在室内工作。戴上手套，将水泥和沙子倒入桶中，搅拌，直到混合均匀。

3. 将水加入混合物中，用棍子搅拌。你需要让混合物湿透，但不要太稀——像奶油奶酪或是完美的泥饼。

4. 用你戴着手套的手尽可能多地从桶里刮出混合物，舀到花盆托里。通过在地面上下晃动和敲击，使混合物在花盆托里沉降。用戴手套的手将表面和边缘抹平。

在混合物开始定型后将叶子剥掉。

5. 将你选择的叶子铺到混合物表面。我发现最简单的方法是从连接茎部的一端把它压入，然后用手指和手掌将其余部分压入。它应该与混合物表面平齐，而不是凹陷下去。如果叶子不够平整，你可以在它上面放一块平整的石头或砖头。现在让混合物静置一两个小时以凝固。在此期间，把桶洗干净。

6. 几个小时后，混合物表面应该看起来有点儿干燥。戴上手套，轻轻地把叶子拉下来并扔掉。

7. 将踏脚石放置两天后再从花盆托中取出来。到那时，它将完全变硬、干燥，你就可以在花园里使用它了。

图中上方的踏脚石有问荆的痕迹，而下方的踏脚石上的是羽衣甘蓝的痕迹。

压花蜡烛

原料

五颜六色的薄花瓣

4½杯（560g）大豆或油菜籽烛蜡

2个玻璃果酱罐（475ml）

2根有标签的蜡烛芯，适合蜡和罐子直径的尺寸

双面胶贴

以上是两支蜡烛的用量。

工具

» 2块硬纸板

» 2张白色打印纸

» 沉重的书籍

» 2个锅，一大一小

» 画笔

» 4根木筷子

» 2条小毛巾

» 数字温度计

制作压花蜡烛是一件富有创意的事情，它以一种美丽、实用的方式将花园里的花保存了下来。将花朵晾干后，这个制作过程大约需要一个小时，且蜡烛冷却后你可以马上开始使用。它们燃烧得很柔和，当蜡烛融化并变得半透明时，干花就更加明显了。

选择色彩鲜艳、花瓣薄的花朵，做出来的蜡烛视觉效果好，且干燥迅速、安全。而木质的花茎和较厚的花瓣不适合做这个蜡烛。在早晨的晚些时候采摘花朵，这时的花朵干燥但仍生气勃勃。

1. 为了晾干花和叶子，在纸板上铺一张纸，并将植物原料摆在上面，确保它们之间不相互接碰。在上面铺上另一张纸，然后铺上第二块纸板。把书放在上面，然后等待即可。薄的植物原料将在1~2周内完全干燥。

2. 在小锅里放入烛蜡，大锅中装满开水，将小锅放在大锅里，以此隔水融化烛蜡。当烛蜡部分融化时，就可以开始装饰罐子了。

3. 将第一朵干花摆放在瓶子内壁上，然后用融化的蜡覆盖干花。花和玻璃之间的蜡会模糊设计效果，所以应先在花的周围进行涂抹来保护花。继续装饰罐子的内部，直到全部完成。

选择艳丽的花。浅色花瓣在蜡的衬托下不会很突出。

在每朵花的边缘都涂上融化的蜡。

4. 用双面胶贴将灯芯固定在每个罐子的底部。用筷子把灯芯摆在罐口的中心位置。将罐子放在一块硬纸板上，并用毛巾包住。

5. 当蜡完全融化后，测量其温度。每种蜡都会有它的最佳浇注温度，而你的目标就是等待达到浇注的温度。一旦温度合适，就把它倒进罐子里，装到离罐口1/4英寸（0.6cm）处即可。让蜡冷却到室温。将蜡烛芯修剪至露出1/4英寸（0.6cm）就可以立即使用。千万不要让蜡烛在无人看管的情况下燃烧。

> 天然蜡有时会从玻璃上剥离，或出现霜状斑点。这并不影响蜡烛的功能，但为了避免出现这样的情况，要在温暖的房间里进行制作，让蜡烛慢慢冷却，并确保罐子清洁和干燥。

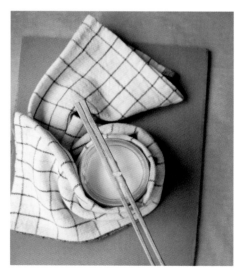

保持蜡液隔热有助于它缓慢而均匀地冷却。

纸糊的叶子灯笼

至少提前两周压叶子。

用纸糊法，你可以只用纸和自制的糨糊制作出立体的工艺品。这一过程并不复杂，我们将用花园中的叶子制作令人惊叹的植物灯笼。当做完并点亮后，它们成了发光的球体，突出了叶子的简单之美。虽然你也可以添加压花，但请记住，少即是多，植物材料越稀疏越好。

原料

1/2杯（65g）面粉

1茶匙（6g）盐

1/2杯（120ml）温水

气球

打印纸

薄纸

压制的叶子

绳子或镀锌丝

电池供电的茶蜡灯

工具

» 大画笔

» 美工刀

» 剪刀（非必需品）

至少提前两周选择和压制叶子，要选择薄的，脉络、颜色和纹理好看的叶子。晾干它们，使用第160页中描述的方法。

虽然可以用手把打印纸分层粘贴，但需要用画笔来给薄纸涂糨糊。

1. 将面粉、盐和水放在一个碗里，将之搅拌成糊状。你可以彻底搅拌后立即使用，也可以把它放在冰箱里冷藏一天。

2. 将一个气球吹成你想要的灯笼的大小。

3. 撕开或剪开打印纸。对于较大的灯笼，纸条应约1英寸（2.5cm）宽。较小的灯笼需要较细的纸条，0.5~3英寸（1~2cm）宽的。

4. 用手将打印纸条浸入糨糊中，然后取出纸条，将糨糊尽可能多地挤掉。把纸条随意地贴在气球上，但要确保它们相互重叠，并让气球的底部（口部一端）不被覆盖。这层纸会给灯笼带来稳定性，但透光性不如薄纸。光线会穿过打印纸间隙。

5. 将薄纸剪成或撕成大约1英寸（2.5cm）宽、2~3英寸（5~7.5cm）长的碎片。用一两层薄纸完全覆盖气球。把每一片都单独放上去，用画笔和糨糊粘在相应位置。

6. 将压好的叶子排列在灯笼上。然后，除了底部区域，在整个灯笼上贴上最后一层薄纸。完成后将气球放在一个大玻璃杯或花瓶里晾干，未粘纸的部分接触容器。

7. 在完全干透后，将气球放气并取出。然后用美工刀修整灯笼的边缘。你也可以用剪刀修剪，但用剪刀可能会留下锯齿状的边缘。

8. 在灯笼里放一个电池供电的茶蜡灯，把它放在家里或花园里使用。你可以在灯笼上开一些小孔，穿上铁丝或绳子，把它挂起来。这种灯笼不防水，所以如果预报有雨，一定要把它们提前拿进屋里。

将压好的叶子摆在最后一层薄纸下。

为了使你的灯笼更加透明，可以跳过粘贴打印纸部分，只粘薄纸。但这需要更多层纸，花费更多时间，不过灯笼将发出更亮的光芒。

致　谢

本书是对植物的赞美，也是对照料植物的女性的永恒赞歌，其中的主题和想法对今天的我们来说更为重要。我是在新型冠状病毒（COVID-19）流行的前几个月写的这本书，就是在那个时候，我发现人们比以往任何时候都更倾心于花园。随着工作需求的减少，多数人待在家里，为老式的"胜利花园"（victory gardens，战争期间在私人住宅院落和公园开辟的蔬菜种植地）清理草坪。在这次短暂的休息期间，我们中的许多人发现了种植植物的乐趣，那些已经有花园的人则在花园中找到了慰藉。我希望，即使我们回到了常态，我们也能记住那些安静的时刻——有时间思考生活中重要的事情，并惊奇地注视着植物们在一个美好的新世界里抬起头来。

非常感谢帮助我完成本书的你们。首先，要感谢迪安娜、简、瑞卡、阿什莉、特蕾辛哈和梅利莎。感谢你们用自己的花园为我提供灵感，也感谢你们提供的照片。没有你们，本书不可能问世。

感谢柯斯蒂·沃德（Kirsty Ward）与我谈论园艺对心理健康的影响。感谢莉萨·斯坦·霍普金斯（Lisa Stein-Hopkins）让我看到了残疾园丁种植植物的方方面面。感谢卡特林·雷施（Kathrin Resch）与我分享了她的城中阳台花园。

马恩岛上克雷格尼什的乡下村庄。

这是我的第一本书，在冷泉出版社（Cool Springs Press）的杰西卡（Jessica）、希瑟（Heather）和杰西（Jessi）的帮助下，写作和设计的过程成了我的一段奇妙的经历。佐薇·内勒（Zoe Naylor）为本书提供了华丽的插图，它们对每一部分内容都进行了补充，使本书更臻完美。

非常感谢马恩岛的朋友们。在新冠肺炎疫情期间，马恩岛很早就关闭了边境，这意味着我无法出去拍摄和采访。朋友们用他们的能力和人脉"拯救"了我，加强了我们当地的社区意识。

感谢好心的斯威斯蒂·贝哈里（Swasti Behari）为我们当手模，感谢安妮·伊斯特汉（Annie Eastham）教我如何给纤维染色。第一节课太棒了，简直出乎意料。

非常感谢帕特·凯利和萨拉·霍格的盛情款待，他们都邀请我到他们的家和花园里，了解迷人的羊毛和天然染色。感谢珍妮（Jenny）和斯蒂芬·德弗罗（Stephen Devereau）从当地有机农场为我带来了绚丽的可食用花卉。此外，还要感谢翠西（Trish）和马克·达德利（Mark Dudley），他们让我在他们的海滨花园里搭建了一个花坛。

再一次万分感激卡伦·格里菲思和马恩岛国家文物局（Manx National Heritage）。我与克雷格尼什的首席园丁卡伦的第一次谈话为本书的面世拉开了序幕。她分享了大量关于植物功用的历史，我希望我们能了解更多相关信息。

最后，感谢我的妈妈、格拉迪丝（Gladys）和帕特（Pat），是她们在我心中种下了园艺的种子，也感谢乔希·达德利（Josh Dudley），他一直是我在风暴中的港湾。

关于作者

丹耶·安德森是不列颠群岛的马恩岛的一位有机作物园丁、手工皂制造商、养蜂人和美容产品生产商。她是Lovely Greens（可爱的植物）网站及其在YouTube的频道背后的创意力量，她的粉丝因她的创意花园想法和积极友好的个性而进行频道订阅。

不发表园艺和植物美学的理念时，她就在照顾她的蜂群，并零售她自己的美容系列产品——Lovely Greens Handmade，制作天然香皂、蜂蜡护肤品，还有蜡烛。她还主持每月一次的创意研讨会，并帮助管理一个社区花园。